바리스타를 위한

커피머신
첫걸음

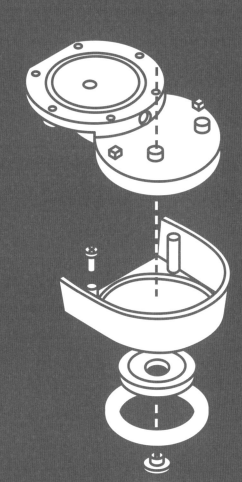

Basic
of
coffee
machine

바리스타를 위한

커피
머신
첫걸음

김종오 지음

아이비라인 Publishing Co.

Prologue

커피에 대한 필자의 기억은 학창시절 시험기간에 즐겨 마셨던 인스턴트커피로 거슬러 올라간다. 밤샘 공부를 할 때면 씁쓸하면서도 달콤한 인스턴트커피 한 잔이 졸음을 쫓아주곤 했는데, 가격도 저렴해 하루에 몇 잔씩 마셨던 것 같다. 당시 대부분의 사람들이 그렇게 커피를 마셨고, 여전히 인스턴트커피를 즐기는 팬들이 남아있다.

필자가 원두커피와 인연을 맺게 된 건 대학을 졸업하고 입사한 한 커피머신 수입업체에서였다. 그때만 해도 한국 커피산업은 지금처럼 활성화되지 않았고, 모두가 원두커피의 깊고 쓴 맛에 익숙해지기까지 꽤 오랜 시간이 걸렸다.

그러다 2000년대 초반부터 몇몇 바리스타 대회가 커피시장에 활기를 불어넣는 원동력이 되면서 바리스타라는 직업이 각광받고 카페도 기하급수적으로 늘어나기 시작했다. 이러한 흐름에 힘입어 카페장비를 취급하는 업체들과 관련 교육에 대한 수요도 증가했다.

하지만 하루가 다르게 변하는 커피 트렌드에 발맞춰 커피는 갈수록 세분화되고 머신은 더욱 복잡해졌다.

새로운 머신이 계속 등장하는 상황에서 이제는 기본 사용법을 익히는 것에서 한 걸음 더 나아가 커피 추출에 영향을 주는 머신의 여러 가지 변수를 이해하고 이를 자신만의 스타일로 해석하는 노하우를 갖출 필요가 생겼다.

유지보수도 마찬가지다.

주문이 잔뜩 몰려있는데 갑자기 머신이나 그라인더에 문제가 생기면 당장 카페 운영에 차질이 있기 때문이다. 실제로 고장 신고를 받고 현장을 방문해보면 대부분 미흡한 관리로 인해 생긴 문제들이다.

매일 청소해줘야 하는 그룹헤드 상태가
불량이거나 정수필터를 제때 교체해주지
않아 고장 난 경우, 스팀완드와 배수관
청소 불량으로 막힘 현상이 발생한 경우가
대표적인 예다.

그래서 필자는 커피머신을 다루는 데
어려움과 불편함을 겪고 있을 많은 카페
운영자와 바리스타, 커피머신 엔지니어들을
위해 커피머신의 기본 원리와 구조도
쉽게 설명하고 올바른 관리법과 고장 시
대처방법도 이 책에 담았다.

커피머신은 기본적인 관리만 잘해도 커피
맛이 향상되고 고장률도 줄어드는 효과가
있다.

이 책은 필자가 오랫동안 실전에서 쌓은
경험을 토대로 정리한 내용이다. 부족하지만
오늘도 열심히 카페에서 일하고 있을
이들에게 조금이나마 도움이 되었으면 하는
바람이다.

이 책이 완성될 수 있도록 힘과 용기를
주신 (주)이앤알상사 하기 대표님과
(주)아이비라인 홍성대 대표님께 깊은
감사의 말씀을 드리며, 현장에서 고생하고
있는 (주)이앤알상사 기술팀원들에게도
사랑한다는 말을 전하고 싶다.

Contents

프롤로그 004

목차 006

1.
커피 추출기구와
에스프레소 머신의 역사

커피체리에서 커피음료로 012
유럽에 불어 닥친 커피 열풍 013
커피 추출의 효율성을 높이기 위한 노력 014
또 다른 추출기구의 탄생 015
에스프레소의 등장 016
가정용 추출도구의 다양화 017
에스프레소 머신의 현대화 018
한층 업그레이드된 에스프레소 머신 020

2.
커피머신 기본 원리

보일러의 역할과 기능 024 ——— 1 온수, 스팀 024
                              2 추출수 025

보일러의 작동 원리 026 ——— 1 보일러의 기본 원리 026
                          2 스팀 제조 과정 027
                          3 온수 제조 과정 028
                          4 추출수 제조 과정 029

보일러 방식의 종류 030 ——— 1 간접 가열식 031
                          2 직접 가열식 032

보일러의 ——————— 1 on/off 방식 034
온도 제어 방식 034   2 P 방식 035
                        3 I 방식 035
                        4 D 방식 035
                        5 PID 방식 035

3.
커피머신 구분

수동 머신 038

반자동 머신 039 ——— 1 작동 방식에
따른 분류 040
2 보일러 방식에
따른 분류 041

자동 머신 052 ——— 1 에스프레소 머신 052
2 드립 머신 056

커피머신의 최신 흐름 060

나에게 맞는 ——— 1 레스토랑, 사무실 060
커피머신 찾기 060 2 테이크아웃 전문점 061
3 로스터리 숍,
커피 아카데미 061

4.
커피머신의 구성요소에 따른
커피 맛의 변화

펌프 압력 064 ——— 1 로터리 펌프 064
2 바이브레이션 펌프 064
3 기어 펌프 065

추출수 066

추출량 067

프리 인퓨전 068 ——— 1 프리 인퓨전 기능이
있는 경우 068
2 프리 인퓨전 기능이
없는 경우 069
3 프리 인퓨전을 3way 밸브의
on/off로 조절하는 경우 069

포터필터 071 ——— 1 포터필터의 지름 072
2 필터 바스켓의 용량 073

세척 074

5.
커피머신 설치요건

물 078 ────────── 1 물의 정의 078
2 물의 종류 079
3 정수기와 연수기 080
4 물로 인해 발생할 수
있는 고장 084

전기 086 ────────── 1 커피머신의 전기사양 087
2 커피머신의 전원연결 087
3 3상 4선식 차단기 연결 090

배수 091

6.
에스프레소 머신 부품

메인보드 094
전원 스위치 096
히팅 스위치 100
키보드 102
보일러 104
펌프 106 ────────── 1 로터리 펌프 107
2 바이브레이션 펌프 110

모터, 콘덴서 111
수압 게이지 112
보일러 압력 게이지 114
수위 센서 115
히팅코일 117
압력 센서, 열 센서 119
과열방지기 120
1way 밸브 122
플로우 미터 123
릴리프 밸브 125 ────────── 1 추출수용 125
2 스팀·온수용 126

솔레노이드 밸브 128 ────────── 1 2way 밸브 128
2 3way 밸브 130

믹싱밸브 132
배큠 밸브 133
그룹헤드 134
스팀노즐 136

7.
커피머신 유지보수

커피머신 관리방법 140 ——— 1 기본 준비물 140
2 그룹헤드 청소 141
3 포터필터 청소 145
4 배수 파이프 청소 146
5 스팀노즐 청소 147

커피머신 부품교체 148 ——— 1 그룹 가스켓&샤워스크린 148
2 스팀노즐 151

**커피머신의 이상 징후와
대처방법** 152

8.
그라인더

그라인더의 종류 162 ——— 1 절구 162
2 핸드밀 163
3 전동 그라인더 164

칼날의 종류 165 ——— 1 칼날형 165
2 평면형 166
3 원추형 167

**에스프레소 그라인더의 ———
구조와 명칭** 168
1 호퍼 168
2 호퍼 게이트 168
3 입자 조절판 169
4 커피 찬넬 170
5 도저 170
6 도저 레버 171
7 도저 날개 171
8 탬퍼 172
9 포터필터 거치대 172
10 가루받이 172
11 전원 스위치 172
12 쿨러 172

그라인더 칼날 청소방법 173 — 1 세정제 173
2 분해 청소 174

그라인더 부품 교체방법 175 — 1 그라인더 칼날 175
2 도저 레버 스프링 176

**그라인더의 고장 증상과
해결방안** 177

**올바른 그라인더 ———
구매방법** 178
1 분쇄도는 정확하고 균일해야
한다 178
2 발열은 최소화해야 한다 178
3 도징양은 일정해야 한다 178
4 가루 날림과 뭉침 현상이 적어야
한다 179

1.

오늘날 우리는 핸드드립에서 에스프레소에 이르는 수십 가지의 다양한 방법으로 커피를 즐기고 있다. 그렇다면 과연 지금처럼 추출기구가 발달하지 않았던 시대에는 커피를 어떻게 내려 마셨을까? 칼디가 처음 커피를 발견했다는 그때로 거슬러 올라가 그 후로 내려오는 커피 추출의 역사와 추출기구의 발전 양상을 살펴보도록 하자.

커피 추출기구와 에스프레소 머신의 역사

Kaldi - Kappa(Djimmah)

Ibrik - Ottoman Turks(Turkey)

Coffee House

Louis Bernard Babaut, Coffee Maker

Kono, Siphon

커피체리에서
커피음료로

기원전 6~7세기경 에티오피아의 목동 칼디Kaldi는 염소들이 커피나무에 열린 붉은색 열매를 먹고 이리저리 뛰어다니는 것을 보고 호기심에 커피체리를 먹은 후 정신이 맑아지고 온몸에 힘이 솟아나는 것을 느꼈다. 이 소식을 전해들은 이슬람교 승려들은 커피체리에 잠을 쫓는 효과가 있다는 사실을 알게 되었고 그대로 먹기에는 쓴맛이 너무 강해서 물에 달이는 방식으로 커피음료를 만들어 마시며 밤새 기도를 바쳤다.

이후 13세기에 이르러 커피는 이슬람권을 지배하고 있던 오스만튀르크 제국(지금의 터키)에

의해 대중적인 음료로 자리 잡았다. 터키인들은 뜨거운 불에 볶은 원두를 곱게 갈아 물에 끓여 마시곤 했는데 그때 주로 사용한 추출도구가 이브릭ibrik——이었다. 이브릭은 현존하는 커피 추출기구 가운데 역사가 가장 오래되었으며 18세기 초까지도 활발하게 쓰였다.

▲ 칼디의 전설

▼ 이브릭

—— 이브릭이란?

· 터키식 커피 추출기구로 '뚜껑이 달린 주전자'라는 뜻이다.
· 원래 이름은 체즈베cezve지만 그리스에선 브리키briki라고 불렸다. 그리스 이주민들에 의해 미국에 전파되면서부터 이브릭으로 통용되었다.

· 대부분 놋쇠나 구리로 만들어졌다.
· 뜨거운 물에 분쇄원두를 우리는 비교적 간단한 추출방법이지만 시간이 오래 걸리고 커피에 미분이 많이 남는다는 단점이 있다.

유럽에 불어 닥친
커피 열풍

커피가 유럽에 진출한 시기는 십자군 전쟁이 발발한 11세기에서 13세기 무렵으로 추정된다. 십자군 원정대가 커피 맛을 잊지 못하고 유럽으로 몰래 들여와 소수의 상인과 귀족층을 중심으로 유행했다는 설이다.

1650년 영국 최초의 커피하우스가 옥스퍼드에 문을 열었고, 17세기에는 유럽 전역에 커피하우스 열풍이 불어 닥쳤다. 미국은 1668년 뉴욕과 필라델피아에 커피숍이 하나둘 생기기 시작했다. 당시 커피하우스는 수많은 정치가와 철학자, 예술가 등이 모여 자유롭게 의견과 정보를 교류하는 장소였다.

11~13th Century

1650
Oxford

United Kingdom

1668
New york

Philadelphia

*United States of
America*

▲ 영국의 커피하우스

커피 추출의 효율성을 높이기 위한 노력

—— 정수압

정지하고 있는 유체의 압력.

하지만 과거의 커피 추출은 뜨거운 물에 분쇄원두를 우리는 방식이었기 때문에 커피를 내리는 데 시간이 너무 오래 걸렸고, 늘어나는 수요를 감당하기 위해선 많은 양의 커피를 한 번에 빠르게 추출할 수 있는 획기적인 대책이 필요했다. 이러한 시대적 요구에 따라 세계 각국에서는 새로운 커피 추출기구 개발에 박차를 가하기 시작했다.

그 결과 1822년 영국인 루이스 버나드 바바우Louis Bernard Babaut에 의해 세계 최초로 증기압을 이용한 추출기구가 발명되었다. 끓는 물이 수증기가 밀어내는 압력에 의해 분쇄원두를 투과하면서 커피를 추출하는 방식이었으며, 가정용 에스프레소 추출도구인 모카포트moka pot와 비슷한 원리였다.

1854년에는 프랑스의 에드워드 로이셀드 라 산타이스Edward Loysel de la Santais가 정수압——을 이용한 트로피 모양의 추출기구를 개발해 1855년 파리 만국박람회에서 큰 인기를 끌었다. 이 추출기구는 뚜껑과 본체를 연결하는 관에 물을 채우면 정수압에 의해 커피가 추출되는 원리로 작동했으며, 관의 폭이 좁고 길이가 길수록, 물이 뜨거울수록 분쇄원두에 더 높은 압력이 가해졌다.

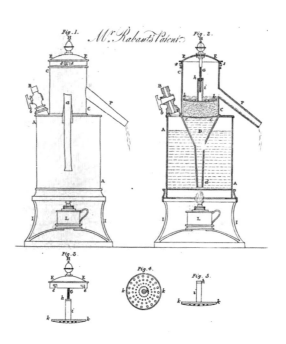

▲ 증기압을 이용한 커피메이커

또 다른 추출기구의 탄생

당시에는 기압차를 이용해 빠른 속도로 커피를 추출하려는 시도도 있었는데, 그중 하나가 1840년 스코틀랜드의 로버트 네이피어*Robert Napier*가 수증기의 움직임에 착안해 제작한 커피메이커였다. 그리고

2년 후인 1842년 이 커피메이커는 프랑스의 배쉬*Vassieux* 부인에 의해 진공여과식 추출기구인 배큠 브루어*vacuum brewer*로 발전했고, 1924년에는 일본인 고노*Kono*가 '사이폰*siphon*'이라는 이름으로 상품화했다.

로드 ←

필터 ←

플라스크 ←

열원
(알코올 램프) ←

▲ 고노 사이폰

사이폰의 작동 원리

① 플라스크를 가열하면
② 기압차에 의해 로드로 올라간 물이
③ 분쇄원두와 섞이면서 커피를 추출하고
④ 열원(알코올 램프)을 끄면
⑤ 추출된 커피가 필터를 거쳐 진공 상태가 된 플라스크로 다시 내려온다.

▲ 오늘날의 커피 프레스

또 다른 추출도구인 커피 프레스*coffee press*는 분쇄원두에 뜨거운 물을 부은 뒤 필터가 달린 뚜껑 손잡이를 아래로 눌러 커피를 추출하는 방식이다. 1852년 프랑스인 메이어*Mayer*와 델포지*Delforge*가 금속으로 된 커피 프레스를 처음 선보인 후 전보다 훨씬 더 쉽고 간편하게 커피를 내릴 수 있게 되었다. 하지만 이 역시도 커피찌꺼기를 완전히 걸러내기에는 역부족이었다. 커피 프레스의 미분 문제는 그 후로 80년이 흘러서야 이탈리아 밀라노 출신 사업가 아틸리오 칼리마니*Attilio*

Calimani, 지울리오 모네타*Giulio Moneta*, 브루노 카솔*Bruno Cassol*이 금속 스프링을 감싼 필터를 만들면서 비로소 해결되었다.

에스프레소의 등장

이처럼 19세기 유럽 전역에 걸쳐 다양한 추출기구가 개발되었음에도 추출시간을 단축시키기 위한 노력은 이후로도 계속되었다. 1900년대에 접어들면서부터는 특히 이탈리아를 필두로 커피머신에 대한 논의가 활발히 이루어졌다.

밀라노에서 커피하우스를 운영하던 루이지 베제라*Luigi Bezzera*는 1901년 인류 역사상 최초로 상업용 머신을 개발해 특허를 받았다. 그는 세로로 긴 모양을 한 원통형 보일러에 물을 끓여 1.5bar──의 증기압이 발생하면 그 힘으로 보일러 내부의 물을 밖으로 내보내 커피를 추출하는 추출수로 사용했다.

── **바** *bar*
단위 면적당 힘을 뜻하는 말로 압력을 나타내는 단위다.
1bar는 1.019716kgf/cm²이다.

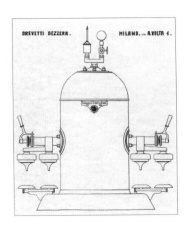

◀ 베제라의 커피머신
베제라의 커피머신은 커피를 한 번에 두 잔씩 추출했다.

1903년 베제라의 특허권을 취득한 라 파보니*La Pavoni*는 커피머신의 대중화에 크게 기여했지만 그의 머신 역시 베제라의 머신과 마찬가지로 증기압이 낮아서 커피를 한번 추출하고 나면 보일러를 다시 가열하는 데 시간이 오래 걸리고 여러 잔을 동시에 추출할 수 없다는 단점이 있었다.

한편 베제라는 1906년에 개최된 밀라노 박람회에서 자신이 개발한 머신으로 커피를 추출해 관람객들에게 제공했는데, 그때 많은 사람들이 머신에 '카페 에스프레소*cafe espresso*'라고 적힌 문구를 보고 '빠르다'는 의미에서 '에스프레소*espresso*'라는 이름으로 불렀다고 한다.

▲ 1906년 밀라노 박람회에서 선보인 카페 에스프레소

가정용 추출도구의 다양화

1908년 독일 드레스덴 출신의 멜리타 벤츠*Melita Bentz*는 기름종이로 만든 여과지를 발명해 핸드드립 추출의 초석을 다졌다. 그녀는 여러 개의 구멍이 뚫린 평평한 금속판에 기름종이와 분쇄원두를 올린 후에 뜨거운 물을 천천히 부어가며 커피를 추출했고, 이는 세계 최초의 종이필터를 사용한 드리퍼로 특허를 받았다. 그녀가 자신의 이름을 따서 세운 회사인 '멜리타'는 현재까지도 명성을 이어오고 있다.

▲ 멜리타 드리퍼의 초기 모델

1933년에는 이탈리아의 알폰소 비알레띠*Alfonso Bialetti*가 가정용 에스프레소 추출도구인 모카포트를 발명했다. 모카포트는 본체를 가열할 때 생기는 수증기의 압력으로 빠르게 커피를 추출하기 때문에 언제 어디서나 간편하게 에스프레소를 내려 마실 수 있다. 이탈리아는 집집마다 하나씩 가지고 있을 만큼 모카포트가 여전히 대중적인 인기를 누리고 있다.

모카포트의 구조

보일러   바스켓   컨테이너

에스프레소 머신의 현대화

1935년에는 이탈리아인 기업가 프란체스코 일리*Francesco Illy*에 의해 여과장치를 장착한 반자동 머신인 '일레타*Illeta*'가 탄생했다. 수증기를 이용해 추출압력을 유지하던 것을 압축공기로 대체한 이 머신은 훗날 커피머신의 기술 발전에 상당한 영향을 끼쳤지만 압축공기를 제대로 통제할 수 없다는 한계에 부딪혀 널리 보급되진 못했다.

▲ 일레타(출처 Andreailly.com)

1

2

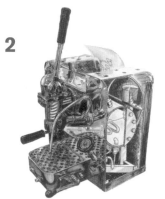

베제라가 증기압을 이용한 머신을 처음 선보인 이후 커피머신은 보일러의 압력을 높여 단위 시간당 추출량을 늘리고, 추출수의 온도를 낮춰 커피의 잡맛을 없애는 방향으로 발전했다. 단시간에 높은 압력을 가해 추출하는 에스프레소의 특성상 추출수의 온도가 너무 높으면 커피의 탄 맛과 쓴맛이 심해져 전체적인 풍미가 떨어질 수 있기 때문이다.

그러던 1938년 시뇨레 크레모네시*Signore Cremonesi*는 증기압 대신 피스톤의 움직임을 이용한 추출방법을 고안해 커피의 잡맛을 줄이는 데 성공했다. 그가 개발한 머신의 핵심은 레버를 수평으로 움직여 스프링을 작동시키는 것이었다.

제2차 세계대전(1939년~1945년) 때는 유럽 사회의 불안정한 분위기와 물자 부족으로 인해 커피머신에 대한 연구 활동이 잠시 주춤했지만 전쟁이 끝난 뒤인 1946년 이탈리아인 엔지니어였던 아킬레 가찌아*Achille Gaggia*에 의해 머신은 오늘날과 유사한 형태를 갖추게 되었다.

1
가찌아의 커피머신
2
수직식 레버 (출처 Rancilio)

가찌아는 앞서 출시된 베제라의 커피머신에 수직식 레버를 장착해 그보다 더 높은 9bar 이상의 압력으로 커피를 추출했고, 그 과정에서 생긴 에스프레소 표면의 고운 적갈색 거품 크레마crema는 당시 '카페 크림'이라는 이름으로 널리 알려졌다. 오늘날 레버식 머신의 원형인 가찌아의 커피머신을 시작으로 상업용 머신은 유럽에서 전 세계로 퍼져 나갔다.

하지만 가찌아가 개발한 머신은 스프링으로 9bar에 달하는 높은 장력을 만들어 냈기 때문에 레버를 움직일 때 힘이 많이 들고 시간이 지날수록 압력이 떨어진다는 단점이 있었다. 이러한 문제를 해결하고자 1952년 이탈리아의 커피머신 회사인 라 심발리La Cimbali는 수압을 이용해 스프링을 작동시키는 새로운 방식을 시도했지만 지역마다 다른 수압을 정확히 조절할 수 있는 방법을 찾지 못해 대중화에는 실패하고 말았다.

이에 반해 1961년 이탈리아의 엔지니어 카를로 에르네스토 발렌테Carlo Ernesto Valente가 선보인 훼마Feama E61은 가히 획기적이라 할 만한 커피머신이었다. 훼마 E61은 피스톤식 레버 대신 전동 펌프를 사용해 추출수가 더 빠른 속도로 분쇄원두를 투과할 수 있게 개선했으며, 추출수와 분쇄원두의 접촉 시간을 단축시킴으로써 커피에서 나는 불필요한 잡맛을 최소화했다.

또한 보일러에 열교환기를 내장해 추출수가 순환하는 동안 간접 가열되어 적정 온도를 맞출 수 있도록 했다. 추출수가 열교환기를 계속 순환하여 커피를 추출할 때마다 깨끗한 물이 새로 유입되고 덕분에 커피의 좋은 성분을 뽑아내는 데 효과적이라는 장점도 있었다. 훼마 E61과 비슷한 머신이 지금까지 꾸준한 인기를 얻는 것도 이러한 이유 때문이다.

▲ 훼마 E61

한층 업그레이드된
에스프레소 머신

훼마 E61로 현대식 머신의 기틀을 다진 커피업계는 최근 커피품질의 향상과 추출기술의 발전, 소비자들의 세분화된 취향 등 다양한 트렌드 변화에 빠르게 대응하는 추세다. 그 결과 1970년 이탈리아의 라마르조꼬*La Marzocco*라는 커피머신 회사에서는 머신에 두 대의 보일러를 장착해 온수나 스팀 사용량에 관계없이 추출수의 온도를 일정하게 유지하는 분리형 보일러 시스템을 구축하기에 이르렀다.

▲ 라마르조꼬 Linea

2000년대에 들어서는 이탈리아의 브루노 달라꼬르떼*Bruno Dallacorte*가 스팀·온수 보일러와 별개로 그룹마다 커피 보일러를 장착해 각 그룹의 추출수 온도를 개별적으로 조절하는 독립형 보일러를 개발했다.

라심발리는 추출수의 온도를 안정적으로 유지하기 위해 스팀·온수 보일러에서 미리 가열한*Pre-heating* 물을 각 그룹으로 보내 그룹 보일러에 내장된 열 센서와 히터로 추출수 온도를 한 번 더 조정하는 혼합형 보일러를 선보였다.

▲ 달라꼬르떼 DC PRO

▲ 라심발리 M39 GT

이처럼 대부분의 커피머신 회사들은
사용자가 원하는 커피 향미를 최대한
끌어내고 여러 잔을 연속해서 추출해도
동일한 결과를 얻을 수 있도록 기술
개발에 박차를 가하고 있다.

최근에는 커피를 추출하는 동안
추출수의 온도와 압력에 변화를 주어
같은 커피에서 다른 성분을 뽑아내는
참신한 시도도 이루어지고 있다.

▲ 추출수의 압력 변화가 가능한 머신 - 라심발리 M100

▲ 추출수의 온도 변화가 가능한 머신 - 란실리오 Classe 11 USB Xcelsius

2.

커피머신
기본 원리

커피머신

기본 원리

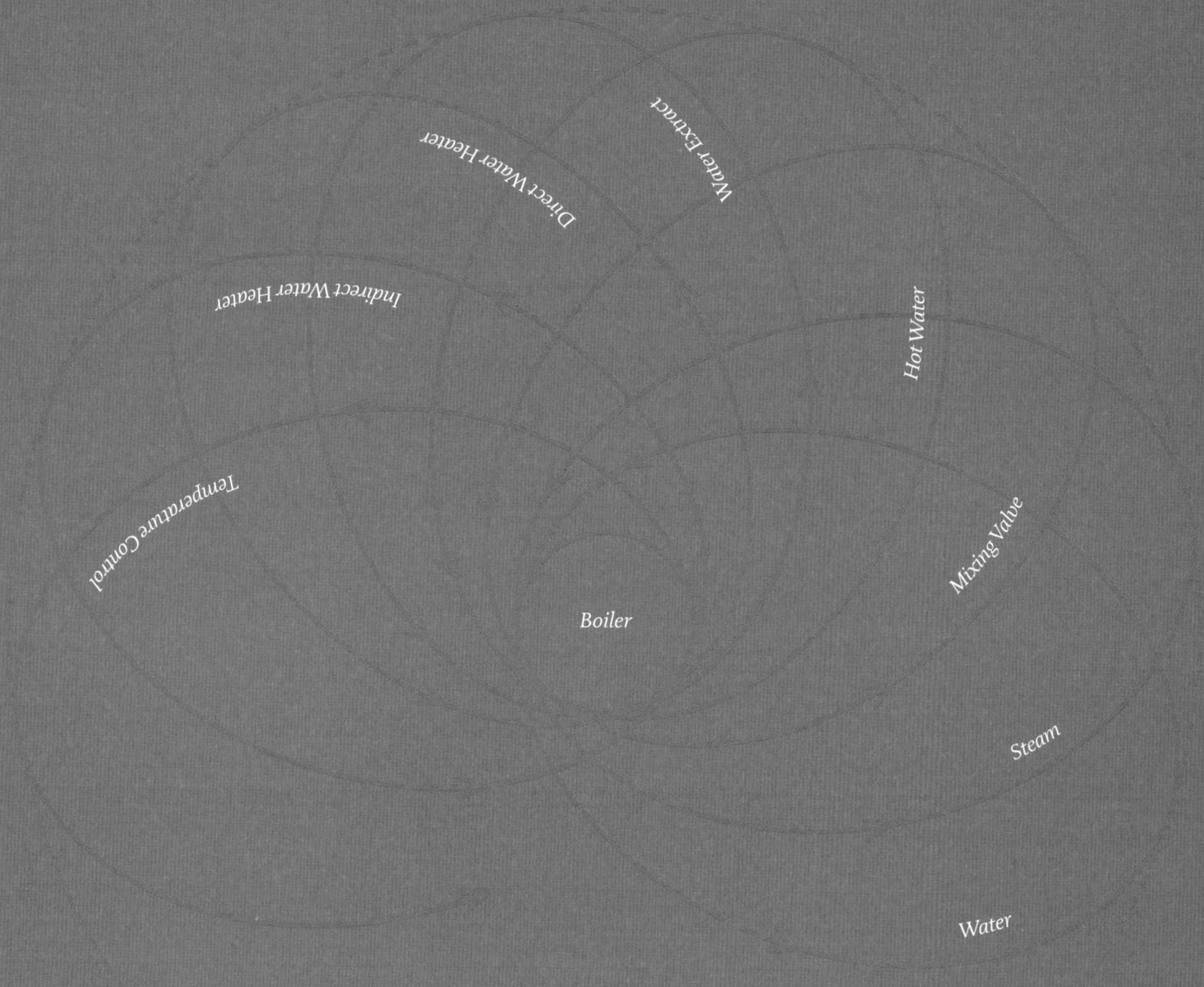

Water Extract

Direct Water Heater

Indirect Water Heater

Hot Water

Temperature Control

Mixing Value

Boiler

Steam

Water

보일러의
역할과 기능

커피머신의 핵심 장치인 보일러는 온수와 스팀, 그리고 커피 추출에 사용되는
추출수를 공급하는 역할을 한다.

1 온수, 스팀

2 추출수

—— **스팀밀크** *steamed milk*

우유에 스팀을 가해 만든
부드러운 우유거품.

1. 온수, 스팀

커피머신은 온수 기능과 스팀 기능이
있어서 뜨거운 물이 필요할 때 바로 빼 쓸
수 있고, 120~125℃에 달하는 고온의
스팀으로 스팀밀크*steamed milk*——
도 만들 수 있다. 커피머신이 처음
개발됐을 때만 해도 스팀 기능을 가장
중요하게 생각했고 지금도 이탈리아를
비롯한 유럽에서는 스팀의 비중이 더
크지만 차 문화가 발달한 아시아에서는
아메리카노나 핸드드립 커피처럼
에스프레소에 비해 상대적으로 농도가
연한 커피를 주로 즐기고 차를 우릴
때도 온수를 많이 사용하기 때문에 온수
기능을 중시하는 경향이 있다.

하지만 보일러의 끓는 물을 그대로
온수로 사용하면 온도가 너무 높아
음료의 떫은맛과 쓴맛이 도드라질
수 있으므로 최근 출시된 머신들은
믹싱밸브*mixing valve*——를 장착해
사용자가 원하는 만큼 상온수를 섞어
온도를 조절하게 되어 있다.

다만 커피 프랜차이즈나 테이크아웃
전문점처럼 아메리카노의 판매 비중이
높은 매장이라면 온수기를 별도로
설치해 온수를 안정적으로 공급하는
것이 바람직하다. 온수기는 용량이
넉넉하고 온도 조절이 용이하며, 수압
등의 외부 변수로부터 비교적 자유롭기
때문이다.

▲ 온수기

▲ 온수 기능

▲ 스팀 기능

—— 믹싱밸브란?

커피머신의 부품 중 하나인 믹싱밸브는 보일러 안의 온수에 정수필터를 거쳐 보일러로 유입된 상온수를 섞어 75℃~92℃로 사용자가 원하는 온도를 맞춰주는 역할을 한다. 믹싱밸브가 없는 머신은 온수를 사용할 때 보일러의 끓는 물이 그대로 배출되며 그만큼 물이 다시 채워지기 때문에 떨어진 온도가 원상태로 돌아오는 데 시간이 오래 걸리고 전력도 많이 소비된다. 반면에 믹싱밸브가 있는 머신은 보일러 안의 온수와 상온수를 섞어서 사용하기 때문에 상대적으로 온수 사용량이 적으며 더 효율적이다. 믹싱밸브는 머신에 내장된 프로그램이나 수동 제어를 통해 조절한다.

▼ 수동 믹싱밸브
맨 위의 나사를 돌려 상온수 유입량을 조절한다.

▼ 믹싱밸브
상온수 투입구의 크기는 상온수 유입 밸브를 어떻게 조절하느냐에 따라 달라지기 때문에 이를 통해 상온수의 양과 유입속도를 조절하고 믹싱온수의 온도도 알맞게 맞출 수 있다.

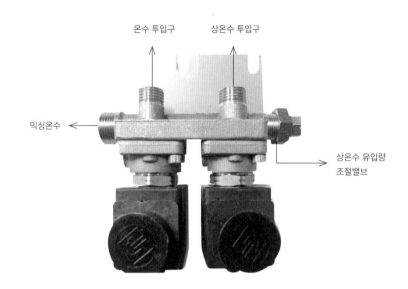

온수 투입구　　상온수 투입구

믹싱온수 ←

상온수 유입량 조절밸브

2. 추출수

추출수는 커피 추출에 사용되는 물로, 분쇄원두를 골고루 적셔 커피성분이 원활하게 추출될 수 있도록 돕는다. 추출수의 온도는 커피 맛을 좌우하는 요소이기 때문에 많은 양의 커피를 신속 정확하게 추출해야 하는 바쁜 매장일수록 90~95℃로 일정하게 유지하는 것이 중요하다.

하지만 초창기 커피머신에서 흔히 볼 수 있는 보일러 방식인 단일형 보일러는 추출수의 온도가 사용자의 의도와 다를 가능성이 높다.

단일형 보일러는 압력이 기준치를 넘으면 압력 스위치가 전원을 차단하여 보일러 히터의 가동을 중지시키는데, 스프링의 장력에 의해 작동하는 압력 스위치의 특성상 히터가 꺼진 후에도 관성에 의해 압력이 계속 오른다는 문제가 있다. 사용자가 설정한 값과 실제 값에 편차가 생기면서 보일러 압력의 영향을 받는 추출수 온도 역시 달라지게 되는 것이다.

최근에 나온 머신들은 'PID'라는 새로운 온도 제어 시스템을 적용해 이러한 문제를 해결하고 있다.

보일러의
작동 원리

보일러의 작동 원리라고 하면 왠지 복잡하게 들리지만 알고 보면 냄비에 물을 끓이는 것과 크게 다르지 않다.

1   보일러의 기본 원리

2   스팀 제조 과정

3   온수 제조 과정

4   추출수 제조 과정

1. 보일러의 기본 원리

① 냄비에 물을 70% 정도 채운다.

② 뚜껑을 닫고 냄비에 열을 가해 물을 끓인다.

③ 냄비를 밀폐시킨 후 계속 가열한다. 냄비를 보일러로 가정하고 관을 수증기 쪽에 연결하면 스팀노즐이, 끓는 물 쪽에 연결하면 온수노즐이 된다. 진공상태에서 가열된 물은 120℃의 스팀과 열평형 상태를 이루며 같은 온도를 유지하지만 대기 중에 배출되면 급격한 압력 변화로 인해 에너지가 손실되어 온도가 100℃ 이하로 떨어진다.

④ 물이 100℃ 이상으로 끓으면 원래 공기가 있던 공간에 수증기가 생기면서 증기압이 형성되고 평소 0bar를 가리키던 압력 게이지의 바늘이 1bar를 가리키게 된다. 추출수용 커피 보일러는 스팀·온수 보일러와 별개로 보일러 방식에 따라 각각 다른 위치에 달려 있다.

2. 스팀 제조 과정

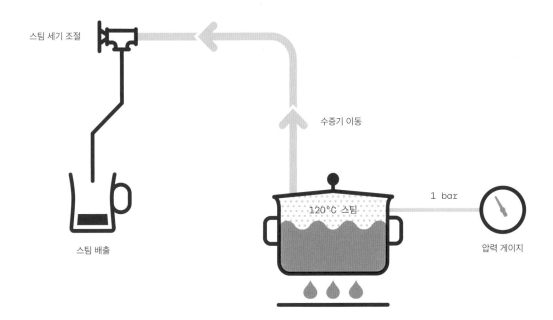

스팀 세기 조절

수증기 이동

120℃ 스팀

1 bar

스팀 배출

압력 게이지

[주의사항]

· 대기 중인 머신은 스팀노즐 안쪽에 상온에서 액체로 변한 수증기가 고여 있기
  때문에(유휴시간이 길수록 더 많은 양의 수증기가 고여 있다) 스팀을 사용하기
  전에는 반드시 스팀밸브를 열어 물기를 살짝 빼줘야 한다. 그렇지 않으면 스티밍을
  할 때 우유에 수분이 섞여서 스팀밀크의 농도가 옅어진다.

· 보일러에 이물질이 들어있으면 스팀의 수분함량이 높아져 스팀밸브를 열었을 때
  물이 계속 흘러 나오고, 스팀도 불규칙적으로 분사되어 좋은 품질의 스팀밀크를
  만들기가 어렵다. 또한 스케일로 인해 커피나 스팀밀크가 역류할 경우 악취가 날
  가능성이 높다. 이럴 때는 보일러를 깨끗하게 비운 후 물을 다시 채우거나 전문
  업체에 스케일 제거 작업을 의뢰해야 한다.

3. 온수 제조 과정

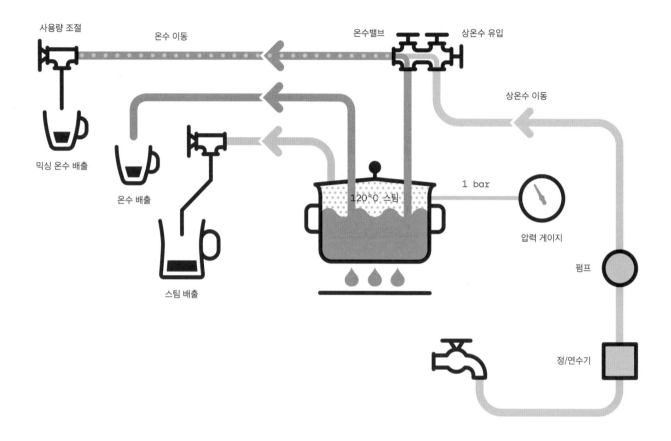

[주의사항]

· 온수는 상온에서 배출되기 때문에 보일러에 들어있을 때보다
온도가 낮아질 수 있다.

· 온수를 한 번에 너무 많이 사용하면 그만큼 상온수가 보일러
로 유입되어 온도가 설정 값에 도달하는 데 오랜 시간이 걸린
다. 때문에 온수는 연속해서 뽑는 것보다 5~10초 정도 간격
을 두고 뽑는 것이 좋다.

· 보일러 용량이 11l인 일반적인 커피머신을 기준으로
1~1.5L가량의 온수를 연달아 배출하면 보일러 압력이
0.5bar 이하로 떨어지게 된다. 특히 단일형 보일러는 보일
러 내부의 물이 열교환기의 추출수를 간접 가열하기 때문에
온수를 과도하게 사용하여 보일러 압력이 떨어질 경우 추출수
온도까지 낮아질 수 있다. 이때는 보일러 압력이 설정 값으로
돌아갈 때까지 기다려야 한다.

4. 추출수 제조 과정

118°C

1 bar

추출수 순환

120°C 스팀

압력 게이지

95~97°C
그룹헤드

상온수 이동

95°C

113°C

펌프

정/연수기

추출수 배출

[주의사항]

· 정수필터를 거쳐 보일러의 열교환기로 유입된 물은 100℃ 이상으로 끓어 120℃에 달하는 수증기로 바뀌고 외부 파이프를 따라 이동하면서 온도가 떨어졌다가 다시 열교환기로 유입된다.

· 추출수는 대류에 의해 순환하는 과정에서 그룹헤드를 예열하는 역할도 한다.

· 유휴시간이 길어질수록 추출수의 온도가 높아지기 때문에 추출 전에는 꼭 열수 흘리기를 해서 온도를 살짝 낮춰줘야 한다.

· 커피머신은 기본적으로 연속 추출을 해도 추출수 온도가 90~95℃를 유지할 수 있게끔 만들어졌지만 열수 흘리기를 과도하게 하면 문제가 될 수 있다는 점을 유념해야 한다.

▶ 열교환기 작동 순서

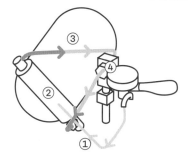

① 정수된 물이 열교환기로 유입
② 보일러 내 온수에 의한 추출수 가열
③ 파이프를 따라 추출수 이동
④ 커피 추출

▼ 열교환기

[TIP 커피 추출 시 열수 흘리기를 하는 이유]

커피를 추출할 때 열수를 흘리는 이유는 그룹헤드 상단의 샤워스크린에 붙어 있는 커피찌꺼기를 제거하기 위해서다. 또 다른 이유는 추출수 온도를 적당히 맞추기 위해서인데, 머신의 유휴시간이 한참 지난 뒤에 열수 흘리기를 하지 않고 바로 커피를 추출하면 추출수 온도가 너무 높아서 커피의 좋지 않은 성분까지 뽑아내기 때문이다.

그렇다고 열수 흘리기를 지나치게 자주 하면 오히려 추출수 온도가 금방 떨어져 커피의 좋은 성분을 충분히 뽑아내지 못할 수 있으니 커피를 연속 추출할 때는 열수 흘리기를 2~3초 정도만 하는 것이 좋다.

보일러 방식의
종류

1   간접 가열식

2   직접 가열식

에스프레소 머신의 발전은 보일러 시스템의 발전이자 온도 제어 기술의 발전이라고 볼 수 있다.

오늘날 에스프레소 머신의 시초가 된 초기의 커피머신과 이를 토대로 발전한 1900년대부터 1940년대까지의 커피머신은 보일러의 끓는 물과 1.5bar의 증기압으로 커피를 추출했기 때문에 물과 분쇄원두가 접촉하는 시간이 길어져 커피의 좋지 않은 성분까지 추출하곤 했다.

하지만 1961년 에르네스토 발렌테가 선보인 훼마 E61을 시작으로 단일형 보일러와 로터리 펌프가 장착된 머신이 확산되면서 추출수의 높은 온도와 낮은 압력으로 인해 발생했던 문제가

▲ 보일러

해결되었다. 단일형 보일러는 머신이 대기 중일 때도 추출수가 열교환기를 계속 순환하면서 커피 추출에 적당한 온도를 만들어주고 펌프를 이용해 9bar의 높은 압력으로 빠르게 커피를 추출하기 때문이다. 이러한 보일러 방식은 지금도 커피머신에 가장 많이 사용될 정도로 당시 상당한 인기를 누렸지만, 추출수 온도를 사용자가 자유롭게 조절하기 어렵고 유휴시간이 길어질수록 추출수 온도가 높아진다는 것이 단점이었다.

이에 1970년 라마르조꼬 사에서는 온수와 스팀을 만드는 메인 보일러 외에 추출수용 커피 보일러를 추가로 두는 방식을 도입했고, 추출수 온도를 그룹에 따라 개별적으로 조절하는 것이 가능해졌다.
2001년에는 달라꼬르떼에 의해 각각의 그룹에 커피 보일러를 독립적으로 설치하는 한층 업그레이드된 머신이 개발되었다.

보일러 기술은 21세기에 들어서도 지속적으로 발전하여 많은 양의 커피를 연달아 추출해도 추출수 온도에 편차가 거의 없는 혼합형 보일러가 등장하기에 이르렀다.

최근에는 추출수 온도를 일정하게 유지하는 동시에 사용자가 원하는 대로 온도를 조절하여 커피성분을 선별적으로 뽑아낼 수 있는 새로운 방식의 보일러가 각광받고 있다.

보일러 방식의 종류는 물과 히팅코일의 접촉방식에 따라 간접 가열식과 직접 가열식으로 나뉜다.

1. 간접 가열식

단일형 보일러에서 자주 볼 수 있는 보일러 방식인 간접 가열식은 온수, 스팀, 추출수를 보일러 한 대로 만드는 방식이다. 보일러의 물은 온수와 스팀으로 사용하고, 열교환기의 물은 온수가 끓을 때 발생하는 뜨거운 스팀으로 간접 가열하여 추출수로 사용한다. 히팅코일*heating coil* ── 에 의해 가열된 온수와 스팀이 추출수를 간접 가열하기 때문에 보일러와 열교환기가 서로 영향을 주고받는다. 열교환식이라고도 하며 보일러 온도에 따라 열교환기 온도가 달라질 수 있다.

또한 온수와 스팀을 한 번에 너무 많이 사용할 경우 그만큼 상온수가 보일러로 유입되어 추출수 온도가 낮아지고 정상적인 추출이 어려워진다는 단점이 있다. 일반적으로 300ml가량의 온수를 6번 이상 연속해서 뽑으면 보일러와 추출수의 온도가 큰 폭으로 떨어지고, 보일러 압력도 1bar에서 0.5bar로 낮아진다.

── 히팅코일 *heating coil*

열선(니크롬선)을 동이나 스테인리스 스틸로 감싸서 만든 관으로 전기 히터봉이라고도 한다. 히팅코일은 보일러에 내장되어 있거나 외부에 부착되어 있으며 전기를 가하면 300℃ 이상으로 빠르게 가열된다. 내장형인 경우 히팅코일이 물속에 잠겨있지 않으면 온도가 급격히 상승(1분에 300℃, 5분에 1,300℃ 가까이 상승)하여 5분 후에는 표면이 아예 타버릴 수도 있다. 히

팅코일의 열 센서가 고장난 경우에도 누전사고가 일어날 위험이 높다. 히팅코일 안에 들어있는 마그네시아 (magnesia)는 열선과 동(또는 스테인리스 스틸) 파이프가 서로 닿지 않은 상태에서 높은 열을 견딜 수 있게 절연체로 사용한다. 히팅코일이 과열되면 표면이 터지면서 마그네시아가 밖으로 새어나온다.

▼ 과열로 인해 표면이 터져버린 히팅코일   ▼ 간접 가열식 보일러(단일형 보일러)의 작동 원리

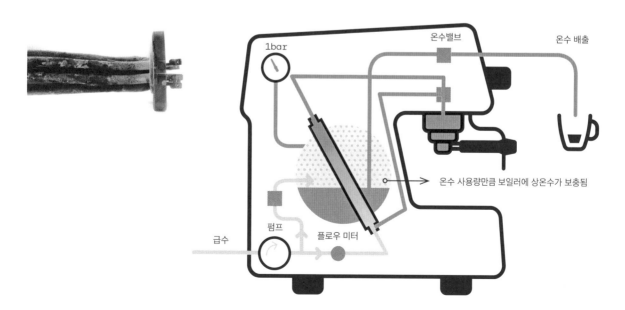

2. 직접 가열식

직접 가열식 보일러는 말 그대로 히팅코일이 추출수를 직접 가열하는 방식이다. 주로 독립형 보일러에 사용되며 보일러가 용도에 따라 추출수용 커피 보일러와 스팀·온수용 메인 보일러로 구분되어 있어 간접 가열식 보일러에 비해 열효율이 좋다. 독립형 보일러는 커피 보일러가 그룹마다 한 대씩 장착돼 있으며, 그룹 보일러 안에는 히팅코일과 열 센서, 과열 방지기가 내장되어 있다. 덕분에 메인 보일러와 상관없이 그룹별로 추출수 온도를 다르게 조절할 수 있고, 각 커피의 특성에 맞게 추출하기가 용이하다는 장점이 있다.

하지만 그룹 보일러에 내장된 히팅코일이 추출수를 직접 가열하기 때문에 물의 경도가 높으면 스케일이 생길 가능성이 크고 오래 사용할 경우 물맛이 변할 수 있다. 히팅코일은 원래 물에 닿는 면적이 넓을수록 열효율이 좋지만 스케일이 끼면 물을 가열하는 데 오랜 시간이 걸리고 열효율도 떨어지게 된다.

한편 용량이 작은 그룹 보일러는 물량이 제한적이기 때문에 열수 흘리기를 과도하게 하면 그만큼 상온수가 보일러로 유입되어 추출수 온도를 유지하기가 어려워진다. 보통 열수 흘리기는 5~10초에 60ml, 커피 추출은 25~30초에 60ml의 물을 사용하는데, 커피 추출을 할 때보다 열수 흘리기를 할 때 더 많은 양의 물이 사용되기 때문에 열수 흘리기는 60ml 이상을 넘지 않아야 한다.

또한 열수 흘리기는 사용자가 직접 제어하지 않으면 계속 이어지기 때문에 그룹 보일러에 물이 다시 채워지고 추출수가 설정된 온도를 맞출 때까지 잠시 멈춰서 간격을 두는 것이 좋다. 최근 그룹 보일러의 용량을 늘린 커피머신이 등장하는 것도 추출수의 온도 변화를 최소화하기 위해서다.

독립형 보일러를 비롯한 대부분의 단일형 보일러가 온수를 직접 가열하며, 혼합형 보일러와 분리형 보일러의 커피 보일러에도 직접 가열식을 적용한다. 추후 스팀이 채워질 것을 예상해 빈 공간을 남겨두는 스팀·온수 보일러와 달리 커피 보일러는 항상 물이 가득 차 있기 때문에 겨울철 동파에 주의해야 한다.

▶ 직접 가열식 보일러(독립형)의 작동 원리

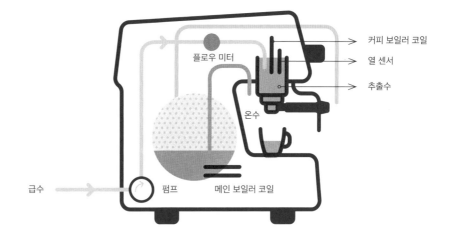

커피 보일러 코일

열 센서

추출수

플로우 미터

온수

급수

펌프

메인 보일러 코일

▶ 직접 가열식 보일러의 히팅코일

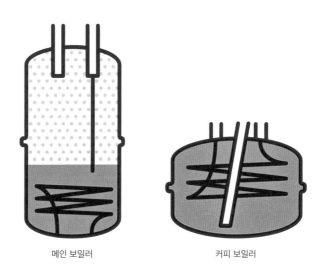

메인 보일러

커피 보일러

▶ 단일형 보일러의 간접 가열과 직접 가열

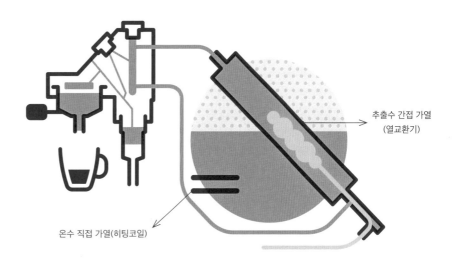

추출수 간접 가열
(열교환기)

온수 직접 가열(히팅코일)

보일러의
온도 제어 방식

보일러의 온도 제어 방식에는
on/off와 P, I, D, PID가 있다.

1   on/off 방식

2   P 방식

3   I 방식

4   D 방식

5   PID 방식

1. on/off 방식

가장 기본적인 온도 제어 방식인 on/off 방식은 보일러 압력이 설정 값에 도달했을 때 히팅코일의 전원에 연결된 압력 스위치가 자동으로 제어되는 원리다. 하지만 스프링의 장력에 의해 작동하는 압력 스위치의 특성상 압력이 설정 값에서 바로 멈추지 않고 관성에 의해 계속 오르기 때문에 온수나 스팀 사용량에 관계없이 압력이 1bar 이하로 떨어지는 순간 보일러가 재가열되고

압력과 비례하는 온도 역시 일정하게 유지하기가 어려워진다. 또한 압력 스위치를 너무 오랫동안 사용하면 전원단자의 접점 부분이 닳거나 이물질이 껴서 접촉 불량이 발생하고 보일러가 제대로 작동하지 않을 수 있다.

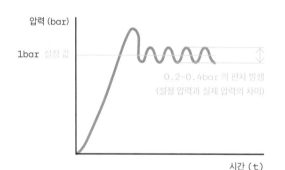

압력 (bar)

1bar 설정 값

0.2-0.4bar 의 편차 발생
(설정 압력과 실제 압력의 차이)

시간 (t)

▶ on/off 방식

on/off 방식은 압력 스위치의 관성에 의해 압력이 설정 값보다 더 높게 올라가지만 일정 시간이 지나면 다시 내려간다. 하지만 보일러는 스프링의 장력이 설정된 압력보다 크게 떨어진 상태에서 재가열되기 때문에 온도 편차가 클 수밖에 없다.

▶ 컨택터형 압력 스위치

기압에 의해 압력 스위치와 히팅코일이 자동으로 붙었다 떨어졌다를 반복한다. 압력 스위치는 스프링의 장력에 따라 압력의 강약을 조절한다.

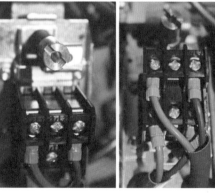

위에서 본 모습   앞에서 본 모습

2. P(Proportional, 비례) 방식

설정 값과 실제 값 사이의 비율을 정하고 그에 맞게 온도를 제어하는 방식. 실제 값이 설정 값 이상으로 올라가지 않으며, on/off 방식에 비해 설정 값에 세밀하게 접근할 수 있다는 장점이 있지만 실제 값과 완전히 일치하지 않는 것이 단점이다.

3. I(Integral, 적분) 방식

P 방식에서 나타나는 미미한 오차도 허용하지 않기 위해 편차를 아주 작은 단위로 쪼갠 뒤 조작량(히팅코일의 전기용량)에 합산하는 방식.

4. D(Differential, 미분) 방식

P 방식과 I 방식에 미분 제어를 추가로 적용하여 온도가 설정 값에 더 빠르게 도달하는 방식. 온수나 스팀 사용 시 손실량을 실시간으로 계산하기 때문에 원상태로 되돌아가는 시간이 짧다는 장점이 있다.

5. PID 방식

P, I, D 방식을 조합해 만든 것으로 '피드백 *feedback* 제어──'라고도 하며, 요즘 인기 있는 하이엔드 머신에서 자주 볼 수 있다. 머신의 전원을 켜고 예열이 어느 정도 진행될 때까지는 P 방식으로 온도를 높이다가 설정 값에 가까워지면 I 방식으로 온도를 정확하게 맞추는 방식이다. PID 방식은 온수나 스팀을 사용하여 온도가 갑자기 떨어진 경우 즉시 히팅코일을 작동시켜 설정 값으로 돌아가게 하는 기능이 있다.

──── **피드백** *feedback* **제어**

특정 압력의 출력 결과를 목표치와 비교한 후 전
단계로 다시 돌아가 수정하는 자동 제어 방식.

3.

커피머신

구분

커피머신

구분

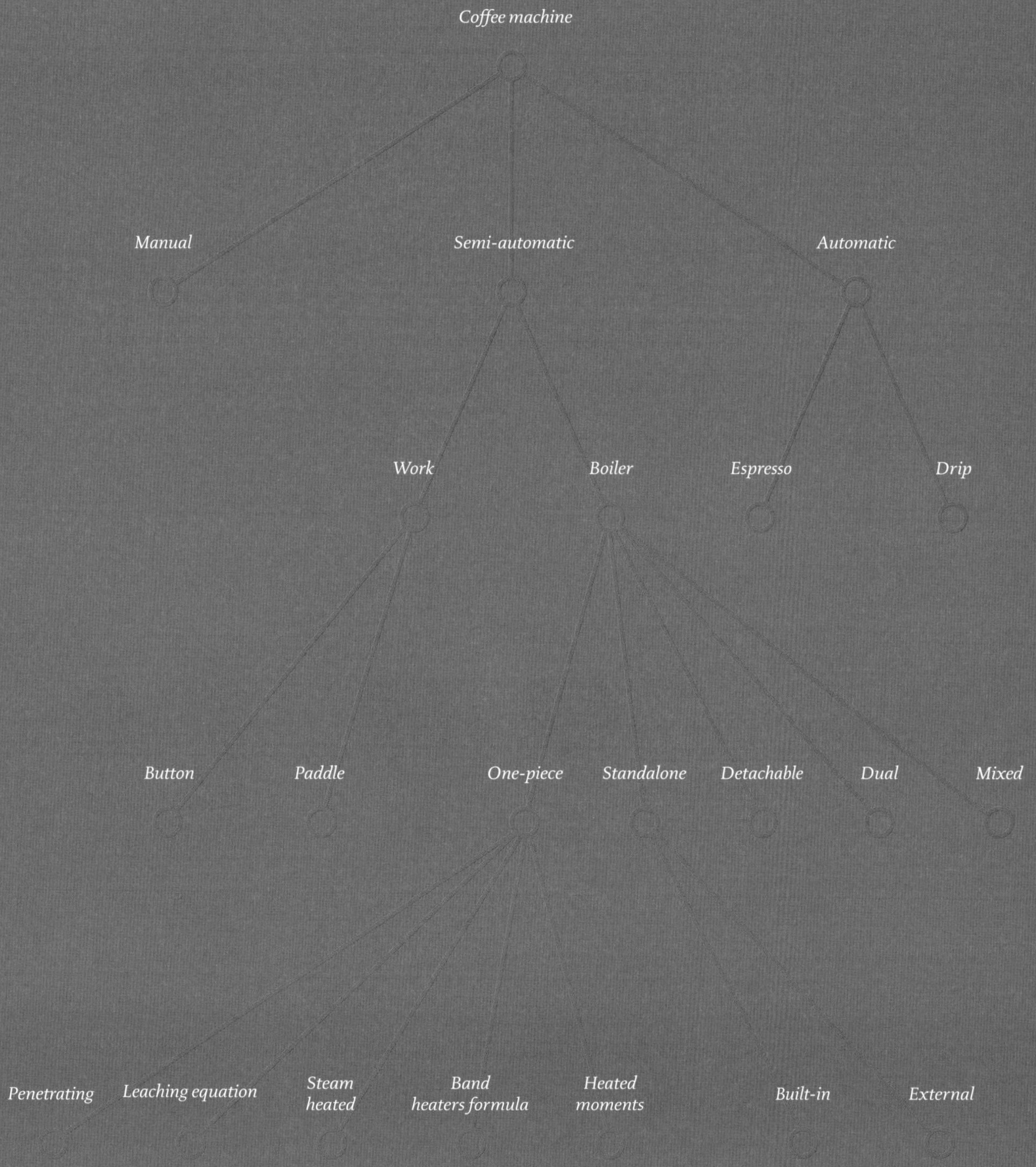
Coffee machine
Manual
Semi-automatic
Automatic
Work
Boiler
Espresso
Drip
Button
Paddle
One-piece
Standalone
Detachable
Dual
Mixed
Penetrating
Leaching equation
Steam heated
Band heaters formula
Heated moments
Built-in
External

수동
머신

레버식 머신이라고도 불리는 수동 머신은 사용자가 레버를 이용해 커피 추출을 직접 제어하는 머신이다. 1946년 이탈리아 출신 엔지니어 아킬레 가찌아*Achile Gaggia*가 처음 개발했으며, 이를 계기로 크레마가 탄생했다. 이전까지의 커피머신이 증기압으로만 커피를 추출했던 데 반해 피스톤식 레버를 추가로 장착한 가찌아의 커피머신은 레버를 아래로 당길 때 뜨거운 추출수가 분쇄원두에 주입되어 사용자가 원하는 만큼 프리 인퓨전*pre-infusion*──을 할 수 있었다.

수동 머신은 펌프가 따로 없는 대신, 스프링의 강한 장력으로 13~15bar에 달하는 높은 압력을 가해 커피를 추출한다. 하지만 수동 머신은 별도의 펌프 없이 스프링의 장력으로만

움직이기 때문에 추출압력을 9bar로 유지하는 일반적인 반자동 머신과 달리, 추출압력이 13~15bar에서 시작해 뒤로 가면서 서서히 낮아진다. 그래서 압력이 높은 추출 초반에는 풍성한 크레마와 묵직한 바디감을 잘 살릴 수 있으며 압력이 낮은 추출 후반에는 커피의 잡맛이 줄어든다는 장점이 있다.

그러나 수동 머신을 제대로 사용하려면 바리스타가 항상 추출과정에 신경써야 하기 때문에 다른 업무에 방해가 될 수 있고, 레버를 당길 때도 생각보다 힘이 많이 들기 때문에 바쁜 매장에서는 신중하게 고민한 후 수동 머신의 사용 여부를 결정하는 것이 좋다. 또한 펌프가 없거나 수압이 2~3bar 이하인 곳이라면 전자식 펌프를 추가로 설치해야 급수가 원활하다.

── **프리 인퓨전** *pre-infusion*

커피를 추출하기 전 분쇄원두에 뜨거운 물을 살짝 부어 커피의 고형성분을 원활하게 추출하는 일종의 뜸 들이기.

▲ 프리 인퓨전 전후

▲ 레버식 머신

▼ 프리 인퓨전 과정

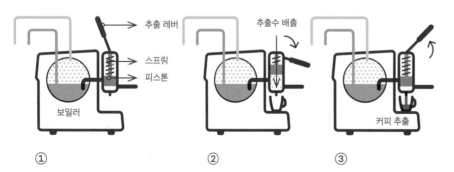

① 포터필터에 분쇄원두를 담고 그룹헤드에 장착한 후 레버를 아래로 내린다.

② 레버를 아래로 당기면 스프링이 위로 움직이면서 추출수가 분쇄원두에 주입된다.

③ 뜨거운 물로 분쇄원두를 적신 다음 레버를 위로 올리면 스프링이 다시 늘어나면서 커피가 추출된다.

반자동
머신

1   작동 방식에 따른 분류

2   보일러 방식에 따른 분류

수동 머신에서 한 단계 발전된 형태의 커피머신이다. 수동 머신에 없는 펌프를 추가로 설치해 일정한 압력과 온도를 유지하고 물이 보일러에 바로바로 채워질 수 있도록 개선했으며, 사용자는 간단한 조작만으로 추출수의 온도와 추출량 등을 조절할 수 있게 되었다. 하지만 바리스타가 매번 커피를 내릴 때마다 추출량을 조절하는 것은 현실적으로 힘들기 때문에 대부분 추출량을 미리 정해놓고 자동 추출을 하는 편이다.

반자동 머신은 작동 방식에 따라 크게 버튼식과 패들식으로 나뉘며, 반자동 머신의 보일러 방식에는 단일형, 독립형, 분리형, 혼합형이 있다.

▲ 상업용 반자동 머신

▲ 가정용 반자동 머신

작동 방식에 따른 분류

1. 버튼식

그룹마다 추출버튼이 1개에서 5개까지 달려 있다. 버튼이 1개인 커피머신은 플로우 미터가 내장돼 있지 않아서 바리스타가 물량을 임의로 조절해야 하며, 버튼이 5개인 커피머신은 물량이 세팅된 버튼을 누르면 추출이 진행되다가 정해진 양이 되면 자동으로 멈춘다.

▲ 버튼식 머신

2. 패들식

▲ 패들식 머신

그룹마다 달려 있는 패들을 1차 위치에 두면 추출수가 분쇄원두에 주입되고, 2차 위치에 두면 압력이 가해져 커피가 추출되는 원리다. 사용자가 프리 인퓨전은 물론 압력까지 자유롭게 조절할 수 있어서 최근 들어 유행하는 방식이다.

▼ 패들식 머신의 상세모습

2차 위치(펌프 압력에 의한 커피 추출)

1차 위치(건물 수압에 의한 프리 인퓨전)

정지

1. 단일형 보일러

간접 가열식 보일러의 대표 격인 단일형 보일러는 다른 방식에 비해 고장이 적고 가격도 저렴해서 커피머신 중 약 90%가 이 방식을 택하고 있다. 단일형 보일러는 열교환기의 형태에 따라 관통식, 침출식, 스팀가열식으로 분류할 수 있다.

단일형 보일러는 보일러의 물이 끓으면 증기압이 발생하면서 보일러에 장착된 수압 게이지의 바늘이 움직이기 시작하는데 이때 바늘이 1bar를 가리키는 것은 밀폐된 보일러 내부에서 가열된 물의 압력이 상승하여 120℃의 스팀과 같은 온도가 된다는 뜻이다. 보일러의 끓는 물은 온수로 수증기는 스팀으로 사용하는 것과 달리 추출수는 열교환기의 간접 가열된 물을 사용한다. 열교환기의 물은 118℃에 달하는 고온의 수증기로 바뀌었다가 대류에 의해 순환하며 그룹헤드까지 열을 전달한다. 하지만 그룹헤드를

통과하면서 열기를 빼앗긴 수증기는 다시 액체 상태의 온수가 되었다가 열교환기로 유입되는 과정을 반복한다. 복잡해 보이지만 일반 가정에서 쓰는 난방용 보일러와 비슷한 원리라고 생각하면 이해하기 쉽다.

커피를 추출할 때 추출버튼을 누르면 당장이라도 펄펄 끓는 물이 나올 것 같지만 사실은 그렇지 않다. 물론 10분 정도 유휴시간이 지난 후에 추출버튼을 누르면 수증기와 함께 아주 뜨거운 추출수가 배출되기도 하지만 5초가량(머신마다 약간씩 차이는 있다) 열수 흘리기를 하면 추출수 온도가 어느 정도 안정화된다. 추출수의 배출량만큼 상온수가 열교환기에 유입되어 그룹헤드를 통과할 때 추출수 온도를 떨어뜨리기 때문이다.

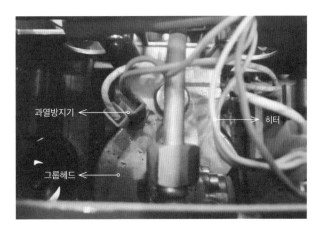

▲ 히터에 의한 그룹헤드 예열
단일형 보일러 중 추출수가 그룹헤드까지 대류 순환하지 않는 모델은 온도 유지를 위해 히팅코일을 설치한다.

[TIP 단일형 보일러의 추출수 온도 조절 방법]

바리스타가 추출수 온도를 직접 조절하기란 쉽지 않지만 몇 가지 부속만 교체하면 불가능한 일도 아니다.

① 기계식 압력 스위치

보일러 압력은 온도와 비례하기 때문에 압력을 낮추면 추출수 온도도 낮게 조절할 수 있다. 압력 조절 방법은 머신에 따라 다른데, 기계식 압력 스위치를 사용할 경우 압력 조절나사를 시계방향으로 돌려 스프링의 장력을 약하게 하면 압력이 낮아지고, 반시계 방향으로 돌려 스프링의 장력을 강하게 하면 압력이 높아진다.

② 플로우 미터

플로우 미터는 열교환기의 수증기가 그룹헤드로 유입될 때 지나는 동판으로 작은 구멍이 뚫려 있다. 구멍 크기가 클수록 더 많은 양의 수증기가 그룹헤드로 유입되어 추출수 온도가 높아지므로 추출수 온도를 낮추고 싶다면 구멍 크기를 줄이면 된다.

③ 인젝터 파이프

인젝터 파이프(명칭은 제조사마다 다를 수 있음)는 상온수가 보일러로 유입되는 경로를 말한다. 파이프의 길이가 길수록 추출수가 배출된 후에 상온수가 더 빠른 속도로 유입되어 추출수 온도를 낮출 수 있다.

▲ 플로우 리미터

▲ 인젝터 파이프 비교

▲ 기계식 압력 스위치

▲ 플로우 리미터가 장착된 모습

▲ 지글러가 장착된 모습

▲ 인젝터 파이프가 장착된 모습

━ 관통식

관통식은 말 그대로 기다란 원통 모양의 열교환기가 보일러 내부를 관통하는 방식이다. 하나의 열원으로 온수와 스팀, 추출수를 모두 가열하기 때문에 보일러 압력이 떨어지면 추출수 온도도 낮아진다. 보일러 용량이 큰 편이며, 머신 설치에 필요한 전기용량의 90%가량을 히팅코일이 차지한다.

관통식은 열교환기의 아래쪽이 보일러 내 온수에 잠겨 있고 위쪽은 스팀과 맞닿아 있어 120℃로 열교환기를 간접 가열하며 추출수의 온도를 상승시킨다.

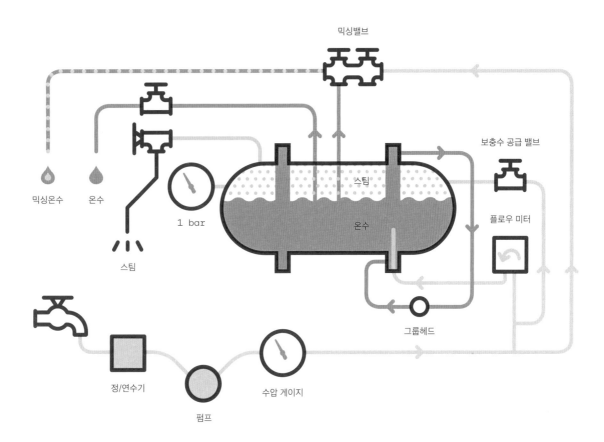

▲ 관통식 보일러 구조도

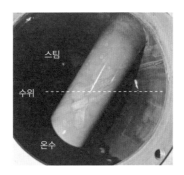

▲ 관통식 보일러의 내부 모습

— 침출식

침출식은 관통식처럼 열교환기가 보일러 내부를 관통하지 않고 위쪽은 그룹헤드, 아래쪽은 보일러에 담가져 있는 형태다. 침출식 역시 관통식과 마찬가지로 열교환기의 아래쪽이 보일러 내 온수에 잠겨 있어 추출수를 간접 가열하는 효과가 있으며, 열교환기가 그룹헤드와 연결되어 있기 때문에 온도 유지력도 뛰어난 편이다.

라심발리를 기준으로 침출식 보일러의 압력은 1.3bar, 온도는 124.5℃이며, 관통식보다 보일러 압력과 추출수 온도가 상대적으로 더 높기 때문에 보일러가 침출식일 경우에는 추출 전에 5~7초가량 열수 흘리기를 해서 추출수 온도를 적정 수준으로 맞춰야 한다.

침출식 보일러는 기종과 옵션에 따라 그룹헤드에 유입되는 상온수의 양을 밸브로 조절할 수 있는 머신도 있다.

▲ 침출식 보일러 구조도

인젝터 파이프

▲ 침출식

— 스팀가열식

스팀가열식은 관통식이나 침출식처럼 열교환기가 보일러 내 온수에 잠겨 있지 않고 1.3bar의 스팀만으로 열교환기의 물을 간접적으로 가열하는 형태다. 이는 스팀의 압력으로만 추출수 온도를 조절하는 완전히 새로운 방식의 보일러로, 추출 초반에는 추출수 온도가 높다는 단점이 있지만 연속 추출을 해도 온도가 빠르게 회복된다는 장점이 있다.

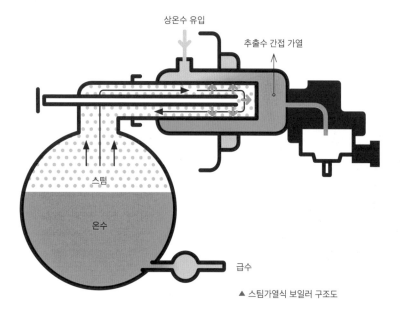

상온수 유입

추출수 간접 가열

스팀

온수

급수

▲ 스팀가열식 보일러 구조도

▲ 스팀가열식

── 밴드히터식

주로 독립형 보일러에 사용되는 방식으로 보일러 외벽에 히팅코일을 감아 보일러의 물을 간접 가열하는 원리다.

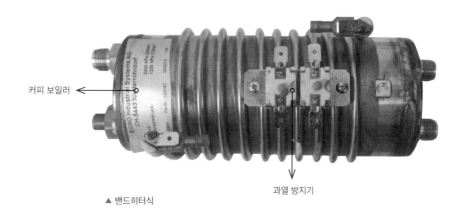

커피 보일러 ←

과열 방지기

▲ 밴드히터식

── 순간가열식

써모블록*Thermo Block* 방식이라고도 불리는 순간가열식은 열전도율이 높은 써모블록에 히팅코일을 감은 후 좁은 관에 물을 통과시키면서 순간적으로 가열시키는 방식이다. 주로 소형 커피머신에서 추출수를 만들 때 사용한다.

물탱크   써모블록

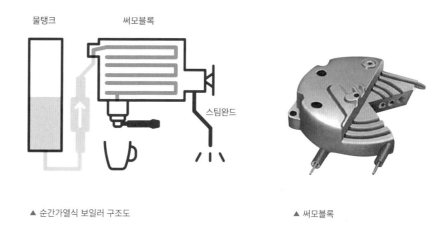

스팀완드

▲ 순간가열식 보일러 구조도   ▲ 써모블록

위에서 살펴본 것처럼 단일형 보일러에는 여러 유형이 있지만 공통적으로 한 가지 단점을 가지고 있는데, 바로 머신을 오랫동안 사용하지 않을 경우, 즉 유휴시간이 길어질 경우 추출 초반에 추출수 온도가 과도하게 높아질 수 있다는 점이다. 그래서 커피를 추출할 때는 각 머신의 특성에 맞게 열수 흘리기와 믹싱밸브 등의 기능을 적절히 활용하여 추출수 온도를 적당하게 조절해야 한다.

2. 독립형 보일러

독립형 보일러는 추출수용 커피 보일러가 각각의 그룹헤드에 개별적으로 장착된 방식이다. 예를 들어 2그룹 머신이라면 온수와 스팀을 만드는 메인 보일러 1대와 추출수를 만드는 그룹 보일러 2대가 필요한 셈이다.

독립형 보일러는 온수나 스팀의 사용량에 상관없이 추출수 온도를 일정하게 유지할 수 있으며, 그룹별로 추출수 온도를 다르게 설정할 수 있다는 장점이 있다.

독립형 보일러의 용량은 400ml부터 1.5L까지 매우 다양하며, 최근에는 보일러의 사이즈가 점점 커지면서 많은 커피머신 회사들이 추출수의 온도 유지력을 높이기 위해 힘쓰고 있다.

하지만 독립형 보일러 역시 다른 보일러 방식과 마찬가지로 열수 흘리기를 너무 많이 하면 추출수 온도가 낮아질 수 있으니 주의해야 한다.

독립형 보일러는 히터의 작동 방식에 따라 내장형과 외장형으로 나뉜다.

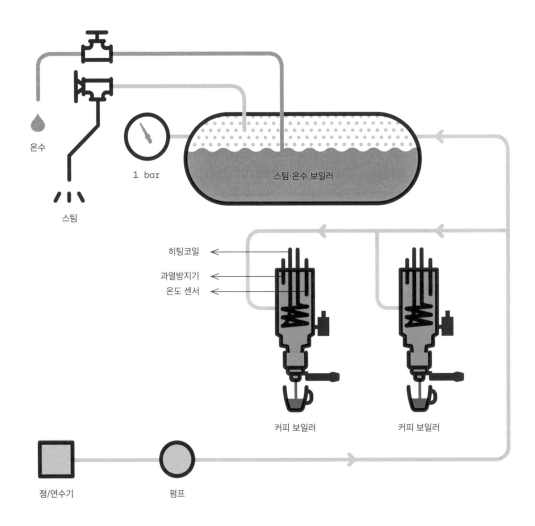

▲ 독립형 보일러 구조

— 내장형

내장형은 히팅코일이 그룹 보일러에 잠겨 있기 때문에 히팅코일에 스케일이 쌓일 경우 열전도율이 떨어질 수 있으며 누수가 발생했을 때 누전으로 이어질 우려가 있다.

▲ 내장형 보일러 방식

— 외장형

용량이 작은 그룹 보일러에 히팅코일을 내장하면 부피를 많이 차지해서 물을 저장할 공간이 부족해지기 때문에 보일러 외벽에 히팅코일을 감아 보일러의 물을 간접 가열한다. 하지만 외장형도 스케일이 쌓이면 열효율이 낮아질 수 있다. 최근에는 그룹 보일러의 사이즈가 커지면서 내장형 보일러가 다시 주목받고 있는 추세다.

▲ 외장형 보일러 방식

3. 분리형 보일러

분리형은 스팀·온수 보일러와 커피 보일러가 하나씩 따로 장착돼 있으며 듀얼 보일러라고도 한다. 이탈리아의 커피머신 회사인 라마르조꼬 사가 1970년대부터 도입한 보일러 방식으로 메인 보일러는 단일형 보일러나 독립형 보일러와 크게 다르지 않지만 독립형에서는 그룹별로 장착되어 있던 커피 보일러가 하나로 통합된 형태다.

모든 그룹이 동일한 커피 보일러를 사용하기 때문에 온도를 그룹별로 조절하는 것은 불가능하지만 각 그룹의 온도를 균일하게 맞출 수 있는 것이 특징이며, 추출수의 온도가 온수나 스팀 사용량에 영향을 받지 않는 독립형 보일러의 장점은 그대로 살리면서 커피 보일러의 용량을 늘려 많은 양의 에스프레소를 연속 추출해도 추출수 온도가 쉽게 변하지 않게 했다.

▲ 라마르조꼬의 보일러 내부 모습
스팀·온수 보일러(왼쪽)와 커피 보일러(오른쪽)

바리스타를 위한 커피머신 첫걸음

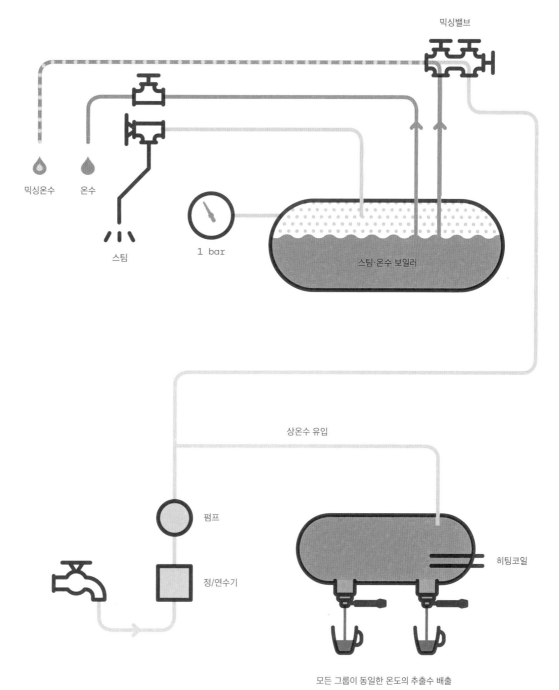

믹싱밸브

믹싱온수   온수

스팀

1 bar

스팀·온수 보일러

상온수 유입

펌프

정/연수기

히팅코일

모든 그룹이 동일한 온도의 추출수 배출

▲ 분리형 보일러 구조

4. 혼합형 보일러

혼합형 보일러는 단일형 보일러와 독립형 보일러가 결합된 형태로 온수, 스팀, 추출수가 같은 보일러에서 만들어진다는 점은 단일형 보일러와 동일하지만, 80~85℃로 예열된 추출수가 각 그룹의 커피 보일러로 이동해 90~95℃로 한 번 더 가열된 후 공급된다는 점이 차별화됐다.

혼합형 보일러에서는 메인 보일러가 온수와 스팀을 만드는 동시에 추출수를 80~85℃로 예열하여 그룹헤드로 전달하는 역할을 한다.(그래서 프리 히팅pre heating 보일러라고도 한다) 덕분에 사용자는 그룹별로 원하는 온도를 간편하게 설정하여 추출수를 쉽고 빠르게 만들 수 있다.

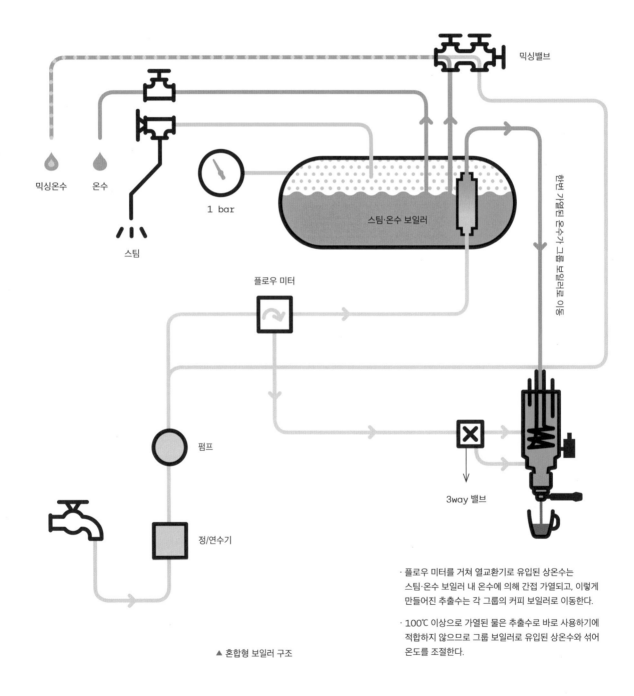

믹싱밸브

믹싱온수　온수

1 bar

스팀

스팀·온수 보일러

한번 가열된 온수가 그룹 보일러로 이동

플로우 미터

펌프

정/연수기

3way 밸브

· 플로우 미터를 거쳐 열교환기로 유입된 상온수는 스팀·온수 보일러 내 온수에 의해 간접 가열되고, 이렇게 만들어진 추출수는 각 그룹의 커피 보일러로 이동한다.

· 100℃ 이상으로 가열된 물은 추출수로 바로 사용하기에 적합하지 않으므로 그룹 보일러로 유입된 상온수와 섞어 온도를 조절한다.

▲ 혼합형 보일러 구조

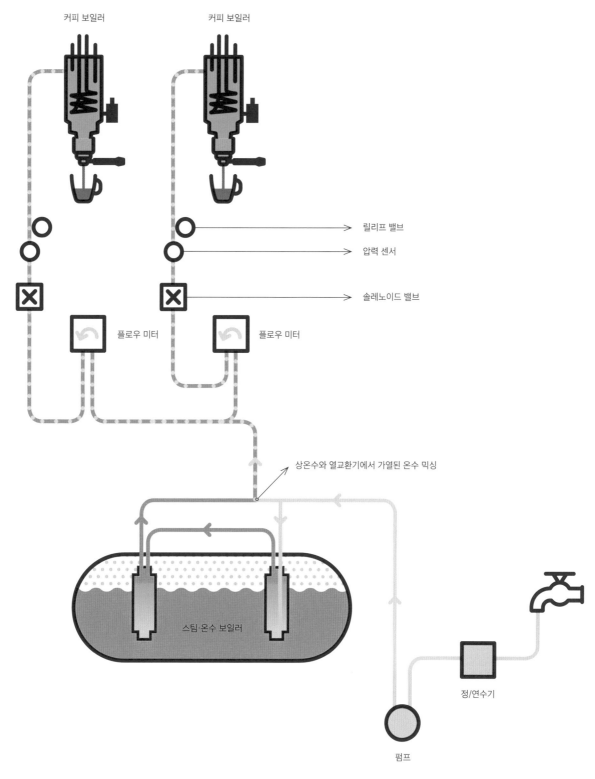

커피 보일러

커피 보일러

릴리프 밸브

압력 센서

솔레노이드 밸브

플로우 미터

플로우 미터

상온수와 열교환기에서 가열된 온수 믹싱

스팀·온수 보일러

정/연수기

펌프

▲ 혼합형 보일러의 열교환기를 통한 그룹헤드 예열 과정

자동
머신

1   에스프레소 머신

2   드립 머신

원두 분쇄와 커피 추출, 스티밍, 온수 공급 등 커피를 만드는 데 필요한 모든 과정이 버튼 하나만 누르면 끝나는 전자동 머신으로 호텔, 리조트, 골프장 등지에서 주로 사용한다. 자동 머신은 어느 머신보다 쉽고 빠르게 커피를 만들 수 있지만 사용자가 어떻게 설정하느냐에 따라 맛이 바뀌기 때문에 커피와 머신에 대한 이해가 선행되어야 한다. 자동 머신을 선택할 때는 잦은 고장과 오작동이 품질에 나쁜 영향을 미칠 수 있다는 점을 고려하고, 구매 후에도 지속적으로 관리할 필요가 있다.

자동 머신은 어떤 메뉴를 제조하느냐에 따라 크게 에스프레소 머신과 드립 머신, 두 가지로 구분할 수 있다.

1. 에스프레소 머신

▲ 자동 에스프레소 머신

자동 에스프레소 머신은 에스프레소와 아메리카노부터 카페라떼나 카푸치노 같은 에스프레소 베리에이션 커피까지 다양하게 즐길 수 있다. 유럽에서는 '자동 머신' 하면 으레 '자동 에스프레소 머신'을 떠올릴 만큼 보편화되어 있다.

자동 머신은 독립형 보일러처럼 스팀·온수 보일러와 커피 보일러가 따로 존재하며, 프로그램을 이용해 보일러의 온도와 압력은 물론 커피의 기본 재료인 원두, 물, 우유의 배합 비율과 인퓨전 타임, 스팀밀크의 상태 등을 어렵지 않게 조절할 수 있다.

일반적으로 자동 머신은 4~6g의 분쇄원두와 250~300ml의 물로 아메리카노를 만드는데, 그래서인지 자동 머신으로 만든 아메리카노는

반자동 머신으로 만든 아메리카노에 비해 쓴맛과 잡맛이 많이 난다. 하지만 자동 머신으로 추출한 커피도 원두의 분쇄도와 추출수의 양을 어떻게 맞추느냐에 따라 반자동 머신으로 추출한 커피와 유사한 맛을 낼 수 있으므로 각자 자신이 운영하는 카페의 성격에 맞게 설정하면 된다.

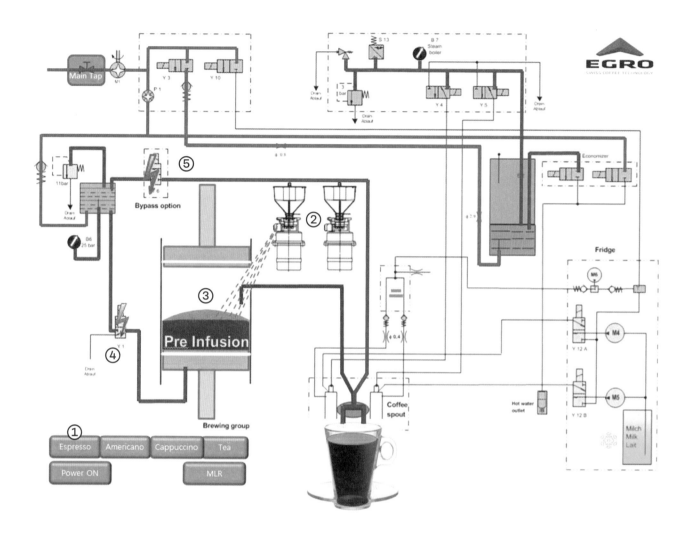

—— **커피 퍽** *coffee puck*

포터필터에 담아 탬핑한 상태의 분쇄원두.

① 에스프레소 버튼을 누른다.

② 그라인더가 작동하면서 원두가 설정한 양만큼 분쇄되어 브루잉 그룹에 투입된다.

③ 브루잉 그룹의 피스톤이 위아래로 움직이면서 분쇄원두를 탬핑한다.

④ 3way 밸브(추출수 밸브)가 열리면서 추출이 진행된다.

⑤ 아메리카노 제조 시에는 2way 밸브(온수 밸브)가 열리면서 온수가 공급된다.

⑥ 에스프레소 추출이 끝나면 상하부의 피스톤이 움직이면서 커피 퍽*coffee puck*—— 이 아래의 찌꺼기 통에 버려지고 다음 추출을 위해 초기상태로 돌아간다.

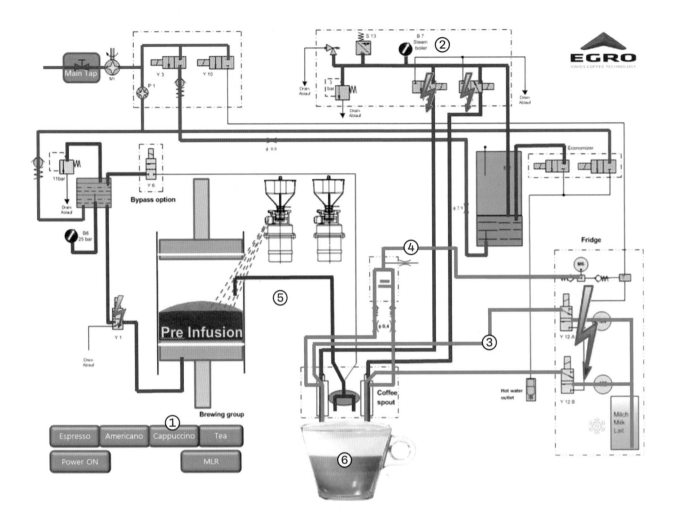

① 카푸치노나 카페라떼 버튼을 누른다.

② 2way 밸브(스팀 밸브)가 열리면서 1.5~1.8bar의 스팀이 카푸치노 키트에 투입된다.

③ 카푸치노 키트의 증기압으로 우유저장고에 보관된 우유를 끌어온다.

④ 스티밍이 시작되면 에어밸브를 통해 들어온 공기가 우유와 섞이면서 거품을 만드는데,
   공기의 양이 적을수록 스팀밀크의 입자가 곱고 많을수록 거칠다. 우유의 비율이 높으면
   카페라떼, 낮으면 카푸치노가 된다.

⑤ 우유가 스티밍되는 동시에 분쇄원두가 브루잉 그룹에 투입되면서 추출이 진행된다.

⑥ 에스프레소와 우유가 미리 정해둔 순서대로 잔에 담긴다. 카푸치노는 커피보다 우유를 먼저
   잔에 담기 때문에 스팀밀크에 에스프레소의 흔적이 남아있는 반면 카페라떼는 우유보다
   커피를 먼저 잔에 담기 때문에 에스프레소와 스팀밀크가 골고루 섞인다.

⑦ 에스프레소 추출이 끝나면 상하부의 피스톤이 움직이면서 커피 퍽이 아래의 찌꺼기 통에
   버려지고 다음 추출을 위해 초기상태로 돌아간다.

▼ 우유키트

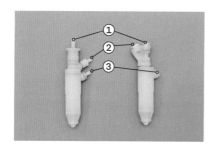

① 메인 보일러에서 우유키트──로 1.5bar의 스팀을
   투입한다.

② 스팀의 압력으로 우유저장고에 보관된 우유를 끌어온다.
   (밀크펌프가 따로 갖춰진 머신도 있다)

③ 공기의 양으로 스팀밀크의 상태를 조절한다.

── 우유키트

스팀밀크를 만들 때 필요한
자동머신의 핵심 부품으로
반자동 머신의 스티밍과
비슷한 기능을 한다.

▼ 자동 에스프레소 머신 구조도 (온수 제조 시)

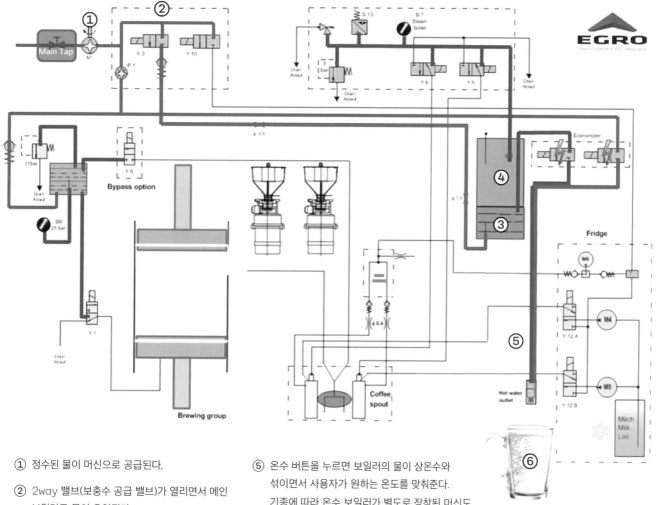

① 정수된 물이 머신으로 공급된다.

② 2way 밸브(보충수 공급 밸브)가 열리면서 메인
   보일러로 물이 유입된다.

③ 물이 보일러 내부의 수위 센서까지 채워지면
   서서히 데워진다.

④ 보일러 안에 1.5~1.8Bar의 압력이 형성된다.

⑤ 온수 버튼을 누르면 보일러의 물이 상온수와
   섞이면서 사용자가 원하는 온도를 맞춰준다.
   기종에 따라 온수 보일러가 별도로 장착된 머신도
   있다.

⑥ 온수가 설정한 양만큼 잔에 담긴다.

2. 드립 머신

핸드드립 커피의 추출 원리에 착안해 개발한 드립 머신은 머신에 내장된 드리퍼에 드립필터와 분쇄원두를 세팅한 후 보일러 안의 온수로 중력에 의해 커피를 추출하는 방법이다. 드립 머신은 일반적인 핸드드립 추출과 달리 전 과정이 자동으로 이루어지며, 많은 양의 커피를 단시간에 추출할 수 있다.

사용법도 매우 간단하며 흔히 '커피메이커'라고 하는 소형 머신은 가정용으로, 대형 머신은 업소용으로 사용된다. 드립 머신으로 추출한 커피는 가능한 빨리 마시는 것이 좋은데, 드립서버를 머신 하단의 열판에 너무 오래 올려두면 커피가 계속 가열되어 본연의 맛과 향이 날아가 버리기 때문이다.

드립 머신의 커피 추출량에 따른 원두 적정량			
커피	1.8L	2.2L	2.4L
원두	65~90g	75~110g	85~120g

◀ 자동 드립 머신

드립 머신의 추출방식은 물을 끓이는
방식에 따라 급탕식과 보일러식으로
나뉜다.

급탕식은 물이 머신에 연결된
전열관*heat pipe*이나 열판에 의해
순간적으로 가열되는 방식이다.
소량의 물을 빠르게 가열하는 데는
효과적이지만 한 번에 많은 양의 온수를
만들긴 어렵기 때문에 가정용 드립
머신에 주로 쓰인다. 한편 상업용 드립
머신에서 자주 볼 수 있는 보일러식은
말 그대로 머신에 내장된 보일러로
물을 가열하는 방식이다. 가정용에
비해 추출량이 많은 상업용은 대용량의
보일러를 장착하고 히팅코일의
전기용량을 늘려 효율성을 높였다.

급탕식 드립 머신은 보일러식에 비해
전열관의 내경이 좁고 필터도 따로 없어
스케일이 쌓이기 쉬우므로 주기적으로
약품 청소를 해야 한다.

▶ 보일러식 드립 머신

▼ 보일러식 드립 머신의 보일러

보일러식 드립 머신의 급수방식

보일러식 드립 머신의 급수방식에는 직수방식과 수동 급수방식이 있지만 물을 공급하는 방식만 다를 뿐 커피가 추출되는 과정은 동일하다.

— 직수방식

머신을 수도에 직접 연결할 수 있는 곳에서 사용하는 방식으로 물을 일일이 채워 넣을 필요가 없어 편리하다.

① 정수된 물이 급수밸브를 통해 머신으로 공급된다.

② 플로우 미터에서 물량을 측정하고 이를 물탱크에 부착된 수위 센서로 조절한다.

③ 추출버튼을 누르면 물이 보일러를 통과하면서 100℃로 가열된다.

④ 스프레이 헤드가 필터 바스켓에 담긴 분쇄원두로 물을 분사시킨다.

⑤ 인퓨전 타임이 지난 후 본격적인 추출이 시작된다.

⑥ 추출이 끝나면 커피가 드립서버에 담기고 하단의 열판에 의해 온도가 유지된다.

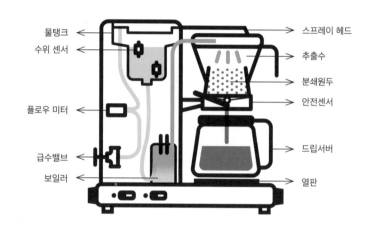

▼ 직수방식 구조도

물탱크 → 스프레이 헤드
수위 센서 → 추출수
→ 분쇄원두
플로우 미터 → 안전센서
급수밸브 → 드립서버
보일러 → 열판

— 수동 급수방식

사용자가 물탱크에 물을 직접 채워 넣는 방식으로 전기만 있으면 직수를 연결하기 힘든 곳에서도 커피를 추출할 수 있다.

① 정해진 양의 물을 물탱크에 붓는다.

② 추출버튼을 누르면 물이 보일러를 통과하면서 100℃로 가열된다.

③ 스프레이 헤드가 필터 바스켓에 담긴 분쇄원두로 물을 분사시킨다.

④ 인퓨전 타임이 지난 후 본격적인 추출이 시작된다.

⑤ 추출이 끝나면 커피가 드립서버에 담기고 하단의 열판에 의해 온도가 유지된다.

▼ 수동 급수방식 구조도

물탱크 → 스프레이 헤드
→ 추출수
→ 분쇄원두
→ 안전센서
→ 드립서버
보일러 → 열판

구분	자동 드립 머신	반자동 머신 (2그룹 기준)	자동 에스프레소 머신
가격	90~600만원	450~2,200만원	700~2,800만원
편리성	초보자도 쉽게 사용 가능	커피 추출에 대한 이해도와 숙련도가 필요함.	기본적인 사용법만 익히면 누구나 사용 가능.
설치공간	작은 공간에도 설치 가능	그라인더를 같이 설치하려면 길이가 최소 1m 이상이어야 함.	30~60cm 길이에 설치 가능.
전력	2~9.7kw	3~4.3kw	2~9.7kw
보일러 사이즈	200ml 이상	그룹 보일러 150cc~1L 스팀·온수 보일러 7~13L	커피 보일러 300ml 이상 스팀·온수 보일러 500ml 이상
분쇄기능	분쇄원두를 구매하거나 그라인더를 별도로 설치해야 함.	별도의 그라인더를 설치해 그때그때 원두를 분쇄해야 함.	그라인더가 내장돼 있음.
커피품질	원두 분쇄와 커피 추출이 빠른 시간 안에 이루어져야 맛있는 커피를 만들 수 있음.	사용자에 따라 맛이 달라질 수 있음.	어느 정도 일정한 맛을 낼 수 있음.
추출세팅	복잡하게 조작할 일이 없음.	커피에 대한 이해가 선행되어야 함.	간단한 교육만 받으면 쉽게 다룰 수 있음.
유지비	정/연수 필터 관리비와 종이필터 교체비 외에는 없음.	정/연수 필터 관리비와 주기적인 소모품 교체 및 세척제 구입 비용이 듦. 숙련된 직원을 고용할 경우 인건비가 추가됨.	정/연수 필터 관리비와 주기적인 소모품 교체 및 정기 점검 비용이 듦. 세척제 구입과 청소는 전문가의 도움 없이 초보자도 혼자서 충분히 할 수 있음.
청소방법	보온통과 드리퍼만 세척하면 됨.	청소해야 할 부분이 많음.	자동청소 프로그램이 내장돼 있음.

커피머신의 최신 흐름

과거 커피머신 개발의 핵심이 최대한 빠른 속도로 커피를 추출하는 것이었다면 현재는 추출시간을 단축시키는 것 이상으로 맛있는 커피를 만드는 데 중점을 둔다. 1,800가지 이상의 커피성분 중 맛에 긍정적인 영향을 주는 것들만 효과적으로 끌어내기 위함이다.

특히 추출수의 온도와 압력을 변화시켜 사용자가 원하는 대로 커피성분을 추출하는 머신들이 연이어 등장하는 추세다. 이러한 점에서 추출수의 가변압과 온도 변화는 최신 커피머신의 주요 키워드라고 볼 수 있다.

나에게 맞는 커피머신 찾기

1 레스토랑, 사무실

2 테이크아웃 전문점

3 로스터리 숍, 커피 아카데미

1. 레스토랑, 사무실

뷔페나 레스토랑처럼 커피메뉴가 있긴 하지만 메인이 아닌 경우 또는 사무실처럼 일반 소비자들이 커피를 스스로 내려 마셔야 하는 경우 자동 머신을 추천한다. 자동 머신의 기술은 나날이 발전하고 있으므로 세팅만 잘하면 꽤 괜찮은 맛의 커피를 안정적으로 추출할 수 있다. 에스프레소와 아메리카노를 비롯해 카푸치노와 카페라떼 등의 에스프레소 베리에이션 커피도 버튼 한 번만 누르면 바로 만들어지기 때문에 매우 편리하다. 가격이 비싸다는 단점은 있지만 그렇다고 너무 저렴한 머신을 구매하면 잦은 고장으로 인해 오히려 더 불편할 수 있으니 용도와 사용빈도에 맞는 제품을 골라야 한다.

2. 테이크아웃 전문점

테이크아웃 전문점이라면 규모를 고려해 반자동 머신과 자동 머신 중 하나를 선택한다. 반자동 머신(2그룹 기준)은 바의 가로 길이가 최소 1m일 때 머신과 그라인더를 설치할 수 있는 반면, 자동 머신은 (우유키트의 유무에 따라 조금씩 다르긴 하지만) 가로 길이가 30~60cm인 바에도 설치할 수 있다.

반자동 머신은 되도록 온도 제어 시스템이 갖춰져 있는 제품을 사용하는 것이 좋다. 가격은 조금 비싸지만 온도가 정확하기 때문에 커피품질을 향상시키는 데 도움이 된다. 보일러 중에서는 단일형이 비교적 잔고장이 적고 구매가격도 다른 방식에 비해 저렴한 편이라 여러 모로 유리하다.

▲ 테이크아웃 전문점

▲ 로스터리 숍

3. 로스터리 숍, 커피 아카데미

원두가 다양하게 구비되어 있는 로스터리 숍이라면 추출수의 압력과 온도 조절이 용이한 반자동 머신을 추천하고 싶다. 맛도 모양도 제각각인 커피 본연의 향미를 제대로 표현하려면 규격화된 추출수를 사용하는 것보다 원두별로 변화를 주는 것이 더 효과적이기 때문이다.

마찬가지로 커피 아카데미에서도 추출수가 맛에 미치는 영향에 대해 가르치기 위해서는 추출수 조작이 용이한 에스프레소 머신을 사용해 수강생들이 머신을 획일적으로 다루지 않도록 올바른 가이드를 제시해야 한다.

4.

커피머신의
구성요소에
따른

커피 맛의
변화

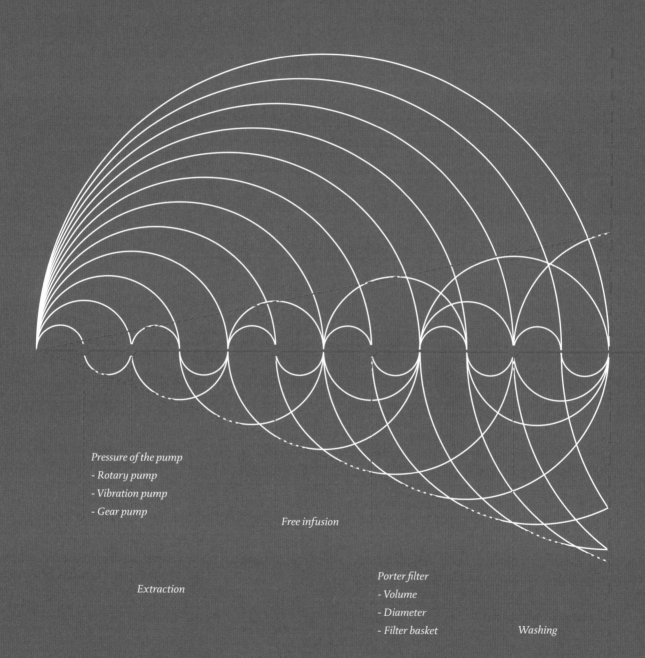

커피머신의

구성요소에
따른

커피 맛의
변화

Pressure of the pump
- Rotary pump
- Vibration pump
- Gear pump

Free infusion

Extraction

Porter filter
- Volume
- Diameter
- Filter basket

Washing

펌프 압력

펌프 압력은 수압 게이지에 나타나는 추출압력의 수치를 말하지만 실제 추출에서 커피 퍽에 작용하는 수압은 게이지의 압력보다 낮다. 커피머신의 펌프는 크게 세 가지 종류로 나뉘며 용도에 따라 각각 다른 펌프를 사용한다.

1   로터리 펌프

2   바이브레이션 펌프

3   기어 펌프

1. 로터리 펌프

상업용 반자동 머신과 대형 자동 머신에서 자주 볼 수 있는 펌프. 크기가 크고 성능이 안정적이며 조절이 자유로워 사용자가 원하는 대로 추출압력을 설정할 수 있다. 이상적인 추출압력은 커피마다 다른데 일반적으로는 9bar를 기준으로 압력을 조절한다.

2. 바이브레이션 펌프

주로 가정용 반자동 머신과 소형 자동 머신에 사용되며 별도의 밸브(바이패스 밸브*by-pass valve* ——)로 압력을 조절한다. 연속 추출이 어려워 추출 후 1~2분가량 유휴시간을 줘야 하지만 이 점만 빼면 상업용 머신과 성능에 큰 차이가 없다. 다만 바이브레이션 펌프는 추출수가 분쇄원두를 투과할 때 저항이 생기면서 압력이 9~15bar까지 올라가고, 추출 전에 살짝 열수를 흘리면 추출수의 온도와 함께 압력도 2~3bar로 내려간다. 바이브레이션 펌프는 압력이 내려갔다가 올라오는 데 걸리는 시간이 로터리 펌프보다 길기 때문에 자연스럽게 프리 인퓨전되는 효과가 있다.

1

2

—— **바이패스 밸브** *by-pass valve*
흐르는 물의 일부를 다른 쪽으로 보내 압력을 낮추는 밸브.

1
로터리 펌프
2
바이브레이션 펌프

3. 기어 펌프

추출수의 압력을 사용자가 자유롭게 조절하는 이른바 '가변압 추출'을 위해 고안된 펌프로, 초기의 피스톤식 머신과 유사한 부분이 많지만 기어 펌프는 모터를 활용했다는 점에서 차이가 난다.

기어 펌프는 사용자가 원하는 가변압을 머신에 미리 설정해두면 프로그램에 의해 추출수의 압력이 자동으로 바뀐다.

추출압력이 낮으면 분쇄원두와 물의 접촉시간이 길어져 프리 인퓨전 효과가 커지고 커피도 더 진하게 추출되는 반면, 추출압력이 높으면 그만큼 추출속도가 빨라져 커피를 마셨을 때 상대적으로 가벼운 느낌이 든다. 가변압을 통해 어떤 맛을 표현할 지는 아래 그림을 참고하면 도움이 될 것이다.

▼ 시간대별 추출압력에 따른 커피 맛의 변화

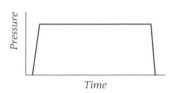

① 밸런스가 잘 잡혀 있는 표준적인 세팅

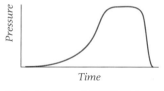

② 산미와 밸런스에 변화를 줄 수 있는 세팅

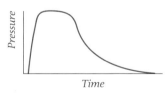

③ 맛의 균형감과 바디감에 변화를 줄 수 있는 세팅

④ 전체적인 맛에 변화를 줄 수 있는 세팅

(출처 lamarzoccousa.com)

추출수

추출수는 1,800여 개의 커피성분을 골고루 추출하는 데 매우 중요한 요소다. 커피에서 어떤 성분을 얼마나 추출하는지에 따라 맛이 달라지기 때문에 추출 전에 추출수의 상태, 특히 맛에 결정적인 영향을 미치는 추출수의 온도를 고려해야 한다. 물론 커피의 맛은 원두가 좌우하지만 동일한 원두를 사용했을 때 추출수의 온도가 낮으면(85~90℃) 전체적으로 맛이 약하고 불쾌한 신맛이 나는 반면 중간 온도(90~95℃)의 추출수로 내린 커피는 단맛이 강하고 산미와 쓴맛이 밸런스를 이룬다. 높은 온도(95℃ 이상)의 추출수로 내린 커피는 대체로 쓴맛이 도드라진다.

그동안 커피머신은 추출수의 온도를 일정하게 유지하는 데 중점을 두었지만, 최근 들어 추출 중에 자유자재로 온도를 조절할 수 있는 머신이 주목받는 추세다. 커피에 산미를 더하고 싶다면 추출 초반에, 쓴맛을 더하고 싶다면 추출 후반에 온도를 높이는 식이다. 이러한 머신은 바리스타들이 각자 강조하고 싶은 포인트를 정해 자신만의 개성을 드러낼 수 있다는 장점이 있다.

한편 간접 가열의 원리로 작동되는 단일형 보일러는 추출수의 온도를 동일하게 맞추기 위해 추출에 앞서 약 2온스의 열수를 흘리는데, 이는 직접 가열의 원리로 작동되는 독립형 보일러도 마찬가지다.
단, 독립형 보일러는 한 번에 너무 많은 양의 열수를 흘리면 그만큼 물을 다시 가열하는 데 시간이 오래 걸리고 추출수 온도도 금방 떨어지기 때문에 샤워스크린을 가볍게 헹궈준다는 느낌으로 단일형 보일러보다 1온스 정도 적게 열수를 흘려야 한다.

Temperature	Taste	
Low	전체적으로 맛이 약하고 불쾌한 신맛이 난다.	85~90°C
Middle	단맛이 강하고 산미와 쓴맛이 밸런스를 이룬다.	90~95°C
High	쓴맛이 도드라진다.	95°C~

추출량

에스프레소는 20~25초 동안 뜨거운 열과 높은 압력을 가해 추출한 30ml가량의 커피. 추출량이 20ml일 때는 리스트레또로, 40~50ml일 때는 룽고로 부르는 것이 맞지만, 편의상 에스프레소 머신을 이용해 추출한 소량의 커피를 에스프레소로 통칭한다. 하지만 에스프레소를 리스트레또와 룽고로 구분해서 부르는 이유가 단순히 양 때문만은 아니며 맛에도 차이가 있다는 사실을 잊어선 안 된다. 추출량은 추출시간의 연장선에서 이해할 수 있는데, 추출시간이 길어질수록 추출량이 많아지기 때문이다.

원두마다 조금씩 다르긴 하지만 커피는 기본적으로 신맛, 단맛, 쓴맛 순으로 추출되며 이를 통해 추출시간과 맛의 상관관계를 알 수 있다. 커피 맛과 추출량의 연관성에 대해 숙지하고 있으면 카페에서 커피를 만들 때 각 메뉴에 어울리는 에스프레소를 추출할 수 있다. 물론 그렇다고 정해진 추출법이 있는 건 아니기 때문에 누군가의 레시피를 그대로 따라하기보다 자신이 사용하는 머신과 원두의 성격에 맞게 최선의 방법을 찾을 필요가 있다.

▶ 추출시간에 따른 추출량

왼쪽부터 차례대로 0~10초, 10~20초, 20~30초 동안 추출한 에스프레소. 똑같이 10초를 추출했는데도 잔마다 추출량이 다른 것은 추출이 진행될수록 저항이 약해져 추출량도 많아졌기 때문이다.

0~10 sec   10~20 sec   20~30 sec

▼ 추출시간과 추출수 온도에 따라 달라지는 커피 맛

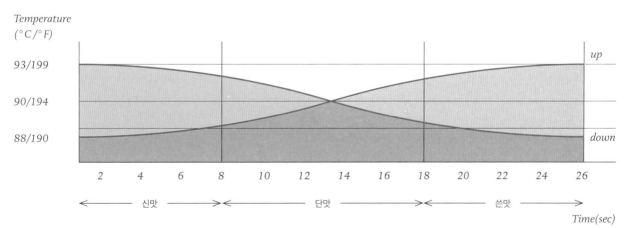

추출을 낮은 온도에서 시작해 서서히 온도를 높인 커피는 상대적으로 쓴맛의 비중이,
높은 온도에서 시작해 서서히 온도를 낮춘 커피는 상대적으로 신맛의 비중이 더 크다.

프리 인퓨전
Pre-infusion

1   프리 인퓨전 기능이 있는 경우

2   프리 인퓨전 기능이 없는 경우

3   프리 인퓨전을 3way 밸브의
    on/off로 조절하는 경우

본격적인 커피 추출에 앞서 일정량의 물을 분쇄원두에 적셔 커피성분이 잘 우러날 수 있도록 하는 것을 프리 인퓨전이라고 한다. 분쇄원두와 물이 만나면 탄산가스가 배출되면서(원두가 신선하고 분쇄도가 가늘수록 더 많은 양의 탄산가스를 배출한다) 물이 투과되는 것을 방해하기 때문에 미리 물을 부어서 입자 사이에 물길을 내는 것이다. 일종의 뜸들이기 과정인 프리 인퓨전은 핸드드립 커피와 에스프레소에 모두 적용할 수 있으며, 에스프레소 머신은 프리 인퓨전 기능이 있는 것과 없는 것으로 나뉜다.

에스프레소 추출 시에는 2초 정도 프리 인퓨전을 진행하여 커피 퍽이 부풀어 오르면 그룹헤드와 포터필터 사이의 빈 공간을 채운다. 다른 조건이 동일하다면 프리 인퓨전 기능이 있는 머신으로 추출한 커피는 그렇지 않은 커피보다 추출속도가 약간 더 빠르고 바디감도 높다. 추출버튼을 이용해 수동으로 프리 인퓨전을 하는 경우도 있지만 정확도가 많이 떨어진다.

1. 프리 인퓨전 기능이 있는 경우

간혹 프리 인퓨전과 열수 흘리기를 혼동하는 경우가 있는데, 추출 전 포터필터를 그룹헤드에 장착하지 않은 상태에서 열수를 흘리는 것은 추출수 온도를 맞추기 위함이며, 프리 인퓨전과는 상관없이 모든 에스프레소 머신에 동일하게 적용한다. 프리 인퓨전 기능이 있는 머신은 포터필터를 그룹헤드에 장착한 후 추출버튼을 누르면 설정에 따라 자동으로 작동한다.

▼ 프리 인퓨전 진행 순서

① 그룹헤드에 포터필터를 장착하고 추출버튼을 누르면 사진 속 경로를 따라 이동한 추출수가 분쇄원두를 적신다.

② 추출수가 주입되면서 분쇄원두가 팽창한다.

③ 이때 커피 퍽을 통과하지 못한 추출수는 인퓨전 공간으로 흘러들어가고, 인퓨전 공간에 추출수가 채워지면 본격적으로 추출이 시작된다.

2. 프리 인퓨전 기능이 없는 경우

에스프레소 머신은 많은 양의 커피성분을 최대한 빠른 시간 내에 뽑아내기 위해 프리 인퓨전을 활용한다. 이 과정을 거치지 않으면 추출수가 분쇄원두에 바로 주입되어 순간적으로 저항이 생기고 커피 추출이 원활하지 않을 수 있기 때문이다. 저항을 줄이기 위한 방법으로 원두의 분쇄도를 굵게 조절해 분쇄원두와 물이 만나는 단면적을 줄이기도 하는데, 이 경우 커피성분이 덜 우러나서 상대적으로 바디감이 약하게 느껴질 가능성이 높다.

3. 프리 인퓨전을 3way 밸브의 on/off로 조절하는 경우

—— **솔레노이드 밸브** *solenoid valve*

전기가 통하면 플런저가 올라가 밸브가 열리고 전기가 차단되면 플런저 무게에 의해 자동적으로 밸브가 닫히는 전자 밸브. 종류로는 2way와 3way가 있다. 2way는 물이 들어와서 차단되었다가 나가는 밸브고 3way는 물이 들어와서 나가는 중간에 버려지는 길이 하나 더 있는 밸브다. 커피머신의 온수, 스팀, 보충수 공급 밸브는 2way, 추출수 밸브는 3way 밸브로 되어 있다.

솔레노이드 밸브*solenoid valve* ——의 일종인 3way 밸브를 메인보드에 입력된 프로그램으로 작동시간을 조절해 프리 인퓨전을 진행하는 방법이다. 인퓨전 공간이 없는 에스프레소 머신이나 가스함량이 높은 원두를 사용할 때 커피를 효과적으로 추출하기 위해 활용하며, 추출버튼을 누르면 1~2초 정도 밸브가 열려 추출수를 그룹헤드로 전달했다가 2~3초 정도 닫힌 후에 다시 자동으로 열리면서 커피를 추출하는 원리다.

같은 굵기로 분쇄한 원두를 일반적인 방식과 on/off 방식으로 프리 인퓨전한 뒤 커피를 추출해보면 on/off 방식의 추출속도가 좀 더 빠른 것을 알 수 있다.

프리 인퓨전 기능이 있는 머신은 분쇄원두와 물이 만났을 때 발생하는 탄산가스가 빠져나갈 곳이 없어 추출에 저항이 생기는 데 반해, 3way 밸브로 프리 인퓨전을 하면 중간에 물이 버려지는 길을 통해 탄산가스가 빠져나가서 추출이 원활해진다.

사양이 높은 몇몇 머신은 기본적인 기능과 함께 on/off 기능이 내장돼 있어 사용자가 임의로 프리 인퓨전을 조절할 수 있지만 인퓨전 타임을 지나치게 길게 세팅하면 너무 많은 양의 추출수가 분쇄원두에 적셔져 바로 커피 추출로 이어질 수 있으니 주의해야 한다. 자칫하면 프리 인퓨전을 위해 그룹헤드로 전달된 추출수가 배수라인으로 빠져나가 커피 향미가 손실되기 때문이다. 프리 인퓨전을 할 때 추출수를 배출하는 시간은 1~2 초, 분쇄원두를 불리는 시간은 2~4 초로 세팅할 것을 추천한다. 원두의 로스팅 포인트가 낮을 경우 자동 머신은 커피성분이 잘 우러나도록 인퓨전 타임을 3초 이상으로 늘리기도 한다.

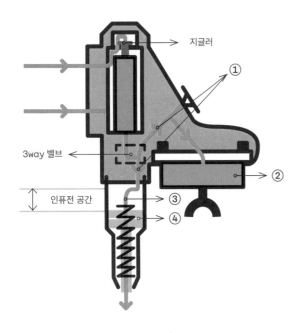

지글러

① 압력이 분산된다.

3way 밸브

인퓨전 공간

③
④

그룹 보일러(①)의 추출수는 3way 밸브가 열리면서 그룹헤드(②)로 이동하지만 포터필터에 담겨 있는 분쇄원두 때문에 밖으로 빠져나가지 못하고 저항에 의해 인퓨전 핀(③)을 아래로 누르게 된다. 그러는 동안 그룹헤드에서는 프리 인퓨전이 진행되고, 인퓨전 핀이 끝까지 내려가 더 이상 압력이 분산되지 않으면 그때부터 커피가 추출되기 시작한다.

① 압력이 분산된다.
② 물이 찬다.
③ 인퓨전 핀을 아래로 민다.
④ 커피찌꺼기가 빠져나가는 통로에 때가 생기고 오링이 마모되면 추출량이 줄고 커피 맛에도 악영향을 미칠 수 있다.

▼ 인퓨전 타임에 따른 추출시간과 추출량의 변화

플로우 미터 회전수 (im-pulses)	원두 사용량(g)	인퓨전 타임(s)		추출시간(s)	추출량(ml)
		물 축이는 시간	뜸 들이는 시간		
100	0	0	0		44
	15	0	0		19.5
150	0	0	0		71.7
		0	0	18	45
		1	3		64.6
	15	0	0	24	44
		1	3	17	34
200	0	0	0		97.5
		1	3		90.8
	15	0	0	30	71.2
		1	3	25	65.2

포터필터

에스프레소 머신의 부품 중 분쇄원두가 담기는 부분인 포터필터는 에스프레소 추출에 핵심적인 역할을 한다. 에스프레소 추출 시 원하는 결과물을 얻기 위해선 포터필터의 지름과 필터 바스켓의 용량 등 여러 변수에 대한 이해가 선행되어야 한다.

1   포터필터의 지름

2   필터 바스켓의 용량

1. 포터필터의 지름

포터필터의 지름은 에스프레소 머신의 제조사와 모델에 따라 조금씩 다르기 때문에 머신을 처음 구매할 때 결정해야 한다. 일반적으로는 지름이 58mm인 포터필터를 많이 사용하지만 더 작은 지름 54mm짜리 포터필터도 있다. 둘 다 장단점이 있으니 잘 비교해 보고 상황에 맞게 선택하면 된다.

지름	장점	단점
54mm	커피 퍽에 어느 정도 두께가 있어서 분쇄도만 잘 맞추면 과소추출이 일어나지 않는다.	분쇄도가 가늘면 커피 퍽이 두꺼워 추출수가 느리게 투과하고 과다추출이 일어나게 된다.
58mm	지름이 큰 만큼 커피 퍽의 두께가 얇아서 분쇄도를 가늘게 조절해도 괜찮다. 이렇게 하면 커피성분이 오히려 더 많이 나와서 과소추출될 위험을 낮출 수 있다.	커피 퍽이 상대적으로 얇기 때문에 분쇄도가 정확하지 않으면 추출속도가 빨라져 과소추출로 이어질 가능성이 높다.

2. 필터 바스켓의 용량

포터필터는 필터 바스켓의 용량에 따라 14g, 16g, 18g으로 나뉘며 20g이 넘는 것도 있다. 에스프레소를 즐겨 마시는 이탈리아에서는 대부분 14g짜리 필터 바스켓을 사용하지만 최근 스페셜티 커피가 각광받고 다양한 에스프레소 베리에이션 커피가 인기를 끌면서 농도가 진한 커피를 추출하기 위한 방법으로 필터 바스켓의 사이즈를 키우고 있다. 필터 바스켓을 선택할 때는 자신이 사용하는 원두를 여러 가지로 테스트한 후 이상적인 추출이라고 생각되는 것을 고르면 된다.

▲ 용량별 필터 바스켓

또한 필터 바스켓은 바닥에 뚫려 있는 구멍의 개수가 많고 크기가 클수록 추출수가 커피 퍽을 통과하는 속도가 빨라지기 때문에 자칫하면 커피성분을 충분히 뽑아내지 못할 수 있으므로 포터필터의 사이즈와 필터 바스켓의 용량을 고려해 선택해야 한다.

▲ 필터 바스켓의 바닥면 비교
일반적인 필터 바스켓(왼쪽)과 구멍 크기를 줄인 필터 바스켓(오른쪽)

포터필터 관리방법

포터필터는 항상 그룹헤드에 장착해둔 상태로 보관해야 한다. 포터필터와 그룹헤드가 열기를 빼앗기면 커피 추출 시 추출수의 온도가 떨어져 커피를 일정하게 추출할 수 없고, 에스프레소도 열기가 식어서 따뜻하게 마실 수 없기 때문이다. 만약 추출 전에 포터필터가 예열되어 있지 않다면 온수를 이용해서라도 미리 데워야 한다.

두껍고 무거운 포터필터일수록 예열 시 열보존율이 높다는 장점이 있으며, 반대로 가볍고 얇은 포터필터는 열에 빠르게 반응하여 예열시간이 짧다는 것이 장점이다.

▲ 그룹헤드에 포터필터를 장착하는 모습

바스켓의 교체시기

필터 바스켓은 에스프레소 머신의 핵심 부품이지만 육안으로는 고장 유무를 파악하기가 어려워 정기점검의 중요성에 대해 둔감해질 수 있다. 실제로 대다수의 사용자들이 그룹헤드의 가스켓은 주기적으로 교체해도 필터 바스켓은 누수가 일어난 후에야 새것으로 바꾼다. 하지만 필터 바스켓은 9bar에 달하는 압력을 집중적으로 받는 부분이기 때문에 바닥면의 구멍이 지속적으로 커질 수 있다는 점을 간과해선 안 된다. 항상 같은 원두를 사용하는데도 미분이 계속 늘어난다면 바스켓을 교체한 후 테스트해본다.

세척

에스프레소를 맛있게 추출하기 위해선 다양한 변수를 알맞게 조절하는 것 못지않게 머신 구석구석에 쌓인 각종 찌꺼기들을 제때 청소해주는 것이 중요하다. 대부분의 잔여물은 커피 추출이 끝난 뒤 3way 밸브를 통해 밖으로 빠져나가지만, 에스프레소의 농도가 워낙 진하다보니 샤워스크린이나 포터필터 곳곳에 찌꺼기들이 쌓여 바리스타가 의도한 커피 향미를 낼 수 없기 때문이다. 만약 이전과 동일한 조건으로 커피를 추출했는데도 맛이 좋지 않거나 머신이 갑자기 작동을 멈춘다면 청소 상태부터 점검해봐야 한다. 세제가 제대로 씻기지 않고 그대로 남아있거나 부품 청소가 미흡해서 일어나는 문제이기 때문이다.

그중에서도 특히 포터필터는 우리가 밥을 먹을 때 쓰는 숟가락처럼 늘 청결한 상태를 유지해야 한다. 눈에 잘 띄지 않는 하단의 스파웃과 포터필터 홀*portafilter hole*──을 잊지 말고 꼼꼼히 세척하며 배수라인도 신경 써서 미리 비워두어야 한다.

배수라인은 커피찌꺼기가 버려지는 곳이라 잔여물이 많이 남고 배수구가 막히면 물이 넘치는 상황이 발생할 수도 있다.

포터필터 청소 약품은 정해진 양만큼 사용하는 것이 좋다. 세제를 많이 넣는다고 해서 더 깨끗해지는 것도 아닐뿐더러 경우에 따라서는 남아있는 세제 찌꺼기가 고장의 원인이 되기 때문이다. 예를 들어 그룹헤드 안쪽 3way 밸브의 부품 중 하나인 플런저는 자기력을 이용해 추출수를 배출하는데, 백 플러싱*back flushing*── 후에 세제가 남아있으면 플린저와 플런저 바디|*plunger body*── 사이에 자기력이 통하지 않아 추출버튼을 눌러도 커피 추출이 되지 않을 수 있다.

──── **포터필터 홀** *portafilter hole*
포터필터 아래의 구멍으로, 필터 바스켓에서 추출된 커피가 스파웃으로 흘러나가는 통로다.

──── **백 플러싱** *back flushing*
커피 추출이 끝나고 남은 잔여물은 그룹헤드 안쪽의 3way 밸브를 통해 빠져나가는데, 머신을 청소할 때 포터필터에 청소용 가스켓(또는 블라인드 필터)과 약품을 넣고 추출버튼을 눌러 이 길을 깨끗이 닦아주는 것을 백 플러싱이라고 한다.

──── **플런저 바디** *plunger body*
플런저를 감싸는 부분.

샤워스크린에 커피찌꺼기가 쌓여 구멍이 막히면 추출수가 이물질이 없는 쪽으로만 흘러서 분쇄원두를 골고루 적시지 못하고, 커피가 과소추출되어 바디감이 약해지며 찌든 때로 인해 불쾌한 맛이 느껴진다. 또한 커피 추출 시 3way 밸브의 가스켓 불량으로 플런저에 누수가 생기면 압력이 분산되어 사전에 설정해 놓은 추출량보다 적은 양의 커피가 추출될 수도 있다.

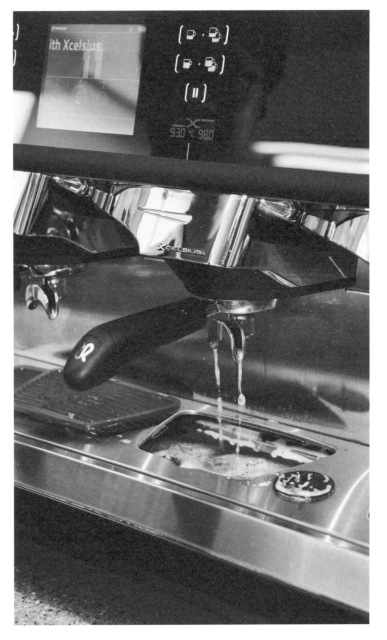

▲ 청소 중인 머신

5.

커피머신

설치요건

커피머신

설치요건

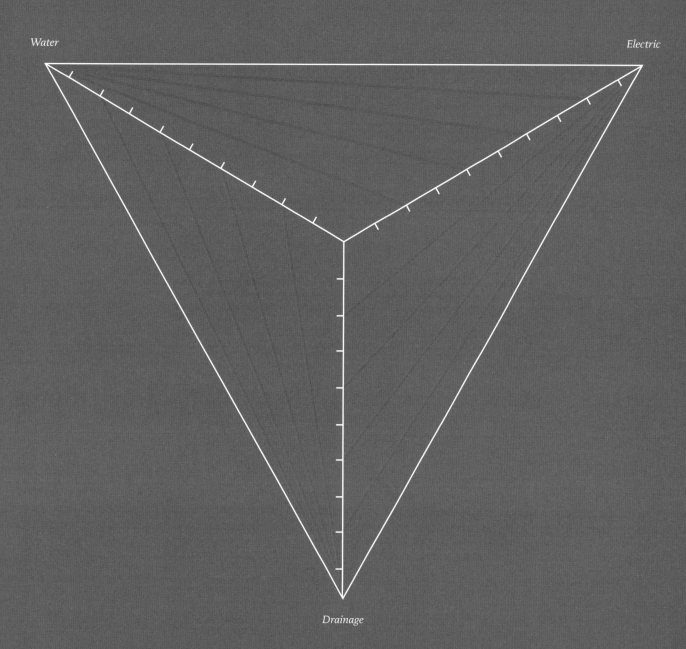

Water

Electric

Drainage

물

물은 커피에서 원두 다음으로 큰 비중을 차지하는 재료다. 특히 에스프레소의 맛뿐만 아니라 머신 관리에도 물이 많은 영향을 끼치기 때문에 사용자가 물에 대해 잘 알고 있으면 맛을 한층 더 끌어올리고, 머신에서 발생할 수 있는 여러 가지 문제도 사전에 예방할 수 있다.

1   물의 정의

2   물의 종류

3   정수기와 연수기

4   물로 인해 발생할 수 있는 고장

1. 물의 정의

물은 자연계에 강, 호수, 바다, 지하수 등의 형태로 널리 분포되어 있는 무색무취의 액체다. 산소와 수소의 화학적 결합물인 물은 어는점 이하에서는 얼음으로, 끓는점 이상에서는 수증기로 변한다. 공기와 더불어 생물이 살아가는 데 없어선 안 될 필수적인 물질이다.

2. 물의 종류

물의 종류를 나누는 기준은 매우 다양하다.

자연수

광천수	흔히 미네랄 워터로 불리는 다량의 광물질을 함유하고 있는 물
해양심층수	수심 200m 이상의 태양광이 닿지 않는 곳에서 끌어올린 물
육각수	화학구조가 육각형 고리 구조를 이루는 물
지하수	땅속의 지층과 암석 사이를 흐르는 물

물리적 처리 과정을 거친 물

이온수	산성수와 알칼리수로 전기분해한 물
증류수	물을 끓일 때 발생하는 수증기를 냉각시켜 정제한 물
수돗물	상수도 원에서 인공적으로 정화시킨 물

경도 *ppm* —를 기준으로 나눈 물

—— **경도** *ppm*

물에 들어있는 칼슘, 칼륨,
마그네슘 등의 미네랄 함량을
나타내는 수치.

종류	미네랄 함량
연수 *Soft water*	0.0ppm(mg/l) 이상 17.8ppm(mg/l) 미만
약경수 *Slightly hard water*	17.8ppm(mg/l) 이상 60ppm(mg/l) 미만 (약경수로 만든 커피가 가장 맛이 좋다)
중경수 *Moderately hard water*	60ppm(mg/l) 이상 120ppm(mg/l) 미만 (수돗물이 중경수에 해당된다)
경수 *Hard water*	120ppm(mg/l) 이상 180ppm(mg/l) 미만
초경수 *Very hard water*	180ppm(mg/l) 이상 (해외 유명 생수들이 초경수에 해당된다)

물은 커피머신을 이야기할 때 빼놓을 수 없는 중요한 부분이지만 잘못하다가는 머신의 수명을 단축시키는 원인이 될 수 있다. 물속에 포함된 갖가지 성분이 부품을 부식시키고 스케일을 발생시키기 때문이다. 커피 추출에 꼭 정수 과정을 거친 물을 사용해야 하는 것도 녹과 스케일을 방지해 머신을 깨끗하게 관리하기 위해서다.

3. 정수기와 연수기

정수기와 연수기 모두 물을 여과시키는 역할을 하지만 약간씩 차이가 있으므로 사용하는 물의 종류에 따라 적절한 필터를 설치하는 것이 좋다.

▲ 연수필터와 정수필터 설치 사례

정수기	연수기
물에 들어있는 각종 유기화합물과 작은 모래 알갱이, 녹, 염소 등을 제거한다. 수돗물을 사용하는 곳에 적합하다.	경수에 녹아있는 다량의 칼슘과 마그네슘을 걸러내 연수로 만든다. 지하수를 사용하는 곳에 적합하다.

정수기에는 물리적 방식과 화학적 방식이 있다.

— 물리적 방식

필터의 여과지를 이용해 물속에 들어있는 부유 물질을 제거하는 방식으로, 밀도구배형 필터라고
도 한다. 여과지는 조직의 모양에 따라 이물질에서 박테리아까지 걸러낼 수 있으며 주로 전처리
필터에 사용된다. 여과지의 구멍 크기가 큰 필터는 투과율이 좋은 만큼 수명이 길지만 미세한 이
물질은 잘 걸러지지 않는다. 반면 밀도가 높은 거름망은 미세한 이물질도 잘 걸러내지만 사용량
이 많은 만큼 필터의 수명이 짧다. 특히 수질이 나쁜 곳에서 조직이 조밀한 여과지를 사용하면 전
처리필터부터 막힐 수 있으니 주의해야 한다.

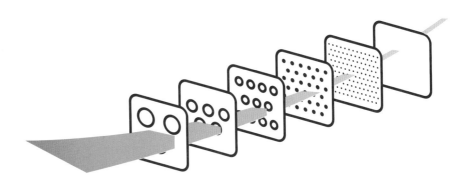

필터는 여과지의 조직이 촘촘하고 빽빽할수록 이물질을 효과적으로 걸러내지만 그만큼 구멍이
쉽게 막히고 수명도 금방 단축된다.

— 화학적 방식

활성탄을 이용해 만드는 흡착방식의 필터로, 가정에서 공기 정화에 숯을 활용하는 것과 비슷한 원리다. 필터 내부에 장착된 활성탄이 표면에 난 구멍으로 물속에 들어있는 부유 물질을 빨아들여 맛과 향을 좋게 한다.

▲ 야자수 활성탄 제조과정

활성탄의 종류

명칭	형태	특징
블록 카본 *block carbon*	밀도구배	벽돌처럼 단단하며 카본 가루가 빠져나가는 현상이 없어 염소 제거에 효과적이다.
그래놀 카본 *granule carbon*	알갱이	카본 가루가 빠져나갈 위험이 있어 염소 제거 효율이 낮다. 또한 필터의 밀도가 낮아 유량은 많지만 수명이 길다.
파우더 카본 *powder carbon*	가루	그래놀 카본보다 염소 제기 효율이 높지만 카본 가루가 빠져나갈 가능성이 있다.

연수기 | **water softner**

경도가 높은 물의 광물질 함량을 줄여 연수로 만드는 장치다. 이온교환수지*ion exchange resin*로도 불리며 연수는 경도에 따라 용도가 다르지만 일반적으로 공업용으로 사용된다.

▲ 산업용 연수기

이온교환수지

경수를 양이온(H+) 교환수지에 통과시키면 칼슘 이온(Ca+)과 마그네슘 이온(Mg2+)이 양이온(H+)과 교환하여 연수를 만든다.

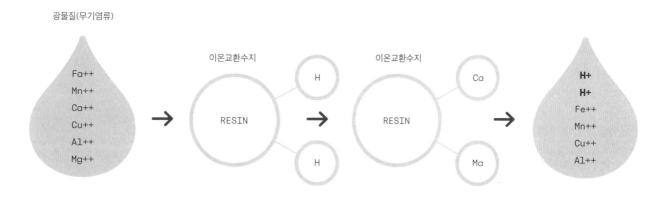

▲ 이온교환수지 진행 과정

4. 물로 인해 발생할 수 있는 고장

커피머신이 제대로 작동하지 않는다면 한번쯤 물로 인한 부식이나 스케일을 의심해볼 필요가 있다. 특히 스케일은 생각보다 자주 고장을 일으키기 때문에 더욱 유심히 살펴봐야 한다.

― 녹

녹은 금속 표면에 생기는 부식생성물을 통칭하며, 물속에 포함된 녹이나 모래 등의 유기화합물에 의해 생성된다. 커피 추출 시 추출수가 녹이 슨 관을 통해 이동할 경우 각종 고장이 일어나는 것은 물론 커피 맛도 떨어지게 된다. 녹이 몸 안에 축적되면 신체를 산성화시킬 가능성도 있다.

① 연수 필터 입구
② 솔레노이드 밸브
③ 전처리 필터
④ 보일러 내부

― 스케일

스케일은 물에 들어있는 칼슘과 마그네슘이 결합해 생성되는 물질로 머신에 축적되면 다양한 부분에서 고장을 일으킬 수 있다. 배수 파이프가 막히거나 열효율이 떨어지는 현상과 각종 센서의 오작동 역시 스케일에 의해 발생한다.

① 얼교환기 외부 파이프
② 전자동 머신 스팀 보일러
③ 히팅코일 표면
④ 반자동 머신 보일러 내부

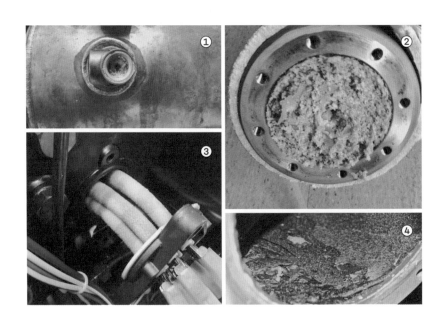

스케일이 커피머신에 미치는 영향

① 스케일이 물의 이동 경로를 막아버리면 보일러에 물이 부족해져 히팅코일이 수면 위로 노출되고 과열방지기가 단락되어 스팀과 온수를 쓸 수 없게 된다.

② 히팅코일에 스케일이 생기면 열이 제대로 전달되지 않아 보일러를 가열하는 데 시간이 너무 오래 걸린다. 그 결과 전기세 부담이 커지는 것은 물론이고 커피 추출 시 열효율이 떨어져 커피품질에도 좋지 않은 영향을 미친다.

③ 보일러에 스케일이 쌓이면 온도가 떨어지고 추출속도가 빨라지면서 커피성분이 제대로 추출되지 못하고 농도도 묽어지게 된다. 또한 보일러에서 떨어져 나온 스케일이 온수 밸브에 끼어버리면 추출 중간에 정지버튼을 눌러도 온수가 조금씩 새는 현상이 발생할 수 있다.

④ 그룹헤드의 부속 중 하나인 지글러는 추출수가 커피 퍽에 서서히 주입될 수 있도록 물이 흐르는 속도를 적당히 맞추는 역할을 하는데, 스케일이 쌓여 지글러의 구멍이 작아지면 추출시간이 지연되어 맛에 영향을 준다.

스케일 방지 방법

정수필터만으로는 스케일을 억제하기 어렵기 때문에 칼슘이나 마그네슘이 많이 함유된 물은 꼭 연수필터를 같이 설치하고 아니면 연수기능이 있는 정수필터를 사용해야 한다.

상황에 따른 필터 선택

수돗물을 음용수로 마시거나 핸드드립 추출과 제빙기에 사용할 경우에는 반드시 정수필터를 장착해야 하며, 특히 염소 냄새가 심한 곳은 염소 제거능력이 뛰어난 제품을 선택해야 한다. 불가피하게 지하수를 사용해야 하는 매장이나 해안지역에 위치한 매장이라면 정확한 수질검사(경도 테스트)를 실시해 스케일을 유발하는 칼슘과 마그네슘 함량을 체크한 후 연수기능이 있는 필터를 같이 설치하는 것이 좋다.

전기

1   커피머신의 전기사양

2   커피머신의 전원연결

3   3상 4선식 차단기 연결

커피머신을 구입할 때 반드시 고려해야 하는 것 중 하나가 바로 설치 장소의 전기용량이다. 설치 장소의 전기용량이 커피머신보다 작으면 별도의 비용을 들여 전기승압을 해야 하는 번거로움이 따르기 때문이다.(인테리어 공사를 새로 하는 매장이라면 커피머신의 전기사양에 맞게 미리 승압 작업을 하는 것이 좋다)

공업용 전기나 가정용 전기처럼 일반적으로 사용하는 전력을 흔히 상용전원이라고 하는데, 발전소에서 만든 전기를 변압기를 이용해 약 34만 5,000V의 고압전력으로 바꾼 뒤 송전선로를 통해 1, 2차 변전소로 보내면 일상에서 쓰는 저압전력(380V 혹은 220V)인 상용전원이 된다.

▼ 전력 공급 과정

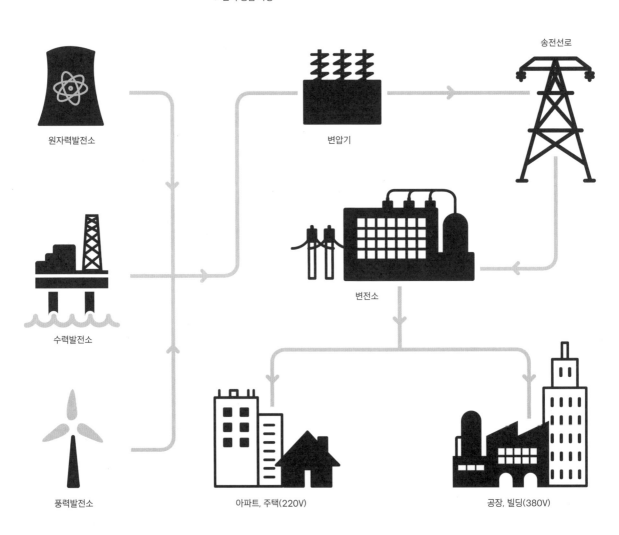

원자력발전소

변압기

송전선로

수력발전소

변전소

풍력발전소

아파트, 주택(220V)

공장, 빌딩(380V)

1. 커피머신의 전기사양

커피머신의 전기사양은 에스프레소 머신을 기준으로 했을 때 1그룹은 약 2kw, 2그룹은 약 4.5kw, 3그룹은 약 6kw다.

[TIP 전기사양 계산법]

$$사용전력(W) = 허용전류(I) \times 사용전압(V)$$

예를 들어 사용전력이 4.5kw, 사용전압이 220V인 커피머신에 이 공식을 대입해보면 허용전류가 '20.45A'라는 계산이 나오는데, 이때는 커피머신의 전원을 220V 단상에 연결하고 허용전류 20.54A보다 용량이 더 큰 30A용 누전 차단기를 사용하면 된다.

---

2. 커피머신의 전원연결

▼ 커피머신의 전원연결선

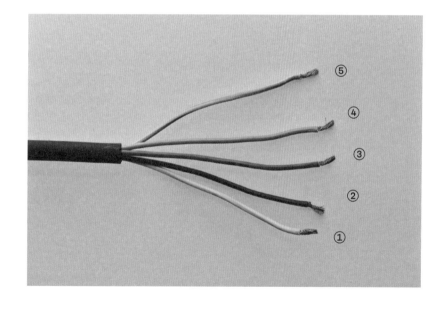

—— **중성선**

삼상 회로의 전원 중성점에서 꺼낸 전선.

—— **접지**

전기 회로의 일부를 대지에 도선으로 연결하여 전위를 0으로 유지하는 것을 말한다.

① 회색 : 전원선(S)

② 검정색 : 전원선(R)

③ 갈색 : 전원선(T)

④ 파란색 : 중성선(N) ——

⑤ 노란색+초록색 : 접지 ——

━ 단상 220V

N선과 접지를 제외한 나머지 선을 하나로 묶어 사용한다.

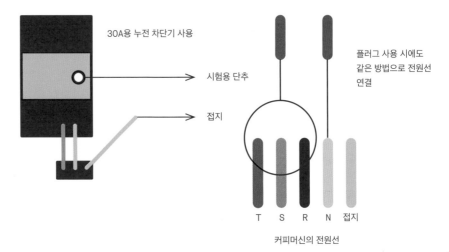

30A용 누전 차단기 사용

시험용 단추

접지

플러그 사용 시에도 같은 방법으로 전원선 연결

T S R N 접지

커피머신의 전원선

▲ 단상 220V 연결방법

━ 플러그

플러그는 단상 220V와 같은 방법으로 전원을 연결하지만 허용전류가 15~16A이므로 커피 머신의 사용전력이 이를 초과하지 않도록 주의해야 한다. 자칫하면 과부하로 인해 플러그의 전 원부에 열이 발생하고 화재로도 이어질 수 있기 때문이다. 커피머신의 사용전력을 낮춰주는 'reduce 기능━'이 없다면 플러그에 전원을 직접 연결해선 안 된다.

━ reduce 기능

커피머신의 사용전력을 떨어뜨려 플러그에 전원이 안전하게 연결될 수 있도록 돕는 기능. reduce 기능이 탑재된 커피머신은 사용전력이 낮아서 보일러의 물을 가열할 때 시간이 더 걸릴 수 있다. reduce 기능이 없는 경우 코일에 연결된 여러 개의 전원선 중 하나를 차단하여 사용전력을 낮추기도 한다.

단상 무접지 플러그
(되도록 사용하지 않는 것이 좋다)

접지 콘센트
(안전상 접지가 필요하다)

단상 접지 플러그

▲ 플러그의 여러 가지 종류

─ 3상 380V

발전소에서 만들어지는 전기는 삼상교류전기이며 이를 저압전력으로 낮추는 변압기의 연결 방식에는 Y결선과 델타(△)결선이 있다. Y결선은 R선, S선, T선의 한쪽 끝을 하나로 묶는 방법으로 3상이라고 하며, 3선의 연결지점인 중성선은 N상이라고 부른다. 3상과 N상을 동시에 공급하는 것을 '3상 4선식'이라고 한다.

델타(△)결선은 R선, S선, T선의 양쪽 끝을 서로 맞물리게 엮는 방법으로 3상 220V가 여기에 해당된다.

380V 3상과 N상으로는 220V와 380V를 모두 사용할 수 있지만 220V 3상으로는 220V만 사용할 수 있어서 요즘은 220V 3상을 사용하는 곳이 거의 없다. 일반적인 공장이나 아파트에서는 380V 3상과 N상으로 만든 220V를 주로 사용한다.

같은 전력을 사용했을 때 단상 전기보다 3상 전기의 효율이 더 좋다.

▶ Y결선과 델타결선

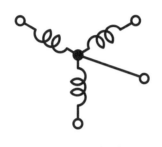

380V 3상 4선식 결선   220V 3상 결선

▶ 커피머신의 전원연결 방식은 메인 차단기의 전기 결선방법에 따라 다르다.

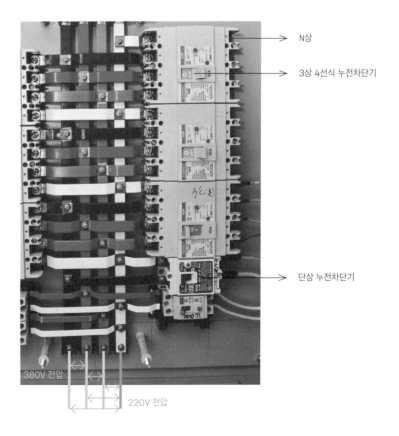

N상

3상 4선식 누전차단기

단상 누전차단기

380V 전압

220V 전압

3. 3상 4선식 차단기 연결

─ 배선용 차단기
NFB, No Fuse Breaker

과부하나 전기 단락 등의 이상이 발생했을 때 자동으로 전류를 차단하는 장치. 3상이나 3상 4선식을 사용하며 380V 3상은 차단기 단자에 3선으로 된 케이블을 하나씩 연결하고 파란색 선은 N상으로 사용한다.

배선용 차단기의 빨간색 버튼은 과부하 작동을 시험하는 버튼으로, 소형 차단기(용량이 작은 단상 차단기)에는 없는 경우도 있다.

─ 누전 차단기
ELCB ,Earth Leakage Circuit Breaker

─ 트립 trip

전기 선로에 과부하나 누전이 발생하여 자동으로 차단기 스위치가 내려간 상태.

누전이나 과부하, 전기 단락 등의 이상이 발생했을 때 자동으로 전류를 차단하여 안전사고를 예방하는 장치. 커피머신 설치 시 380V 3상은 R, S, T, N 4선을 차단기 단자에 연결할 수 있는 4극용을 사용해야 한다. 그렇지 않으면 차단기가 트립trip──되어 설치할 수 없다.

누전 차단기의 빨간색 버튼은 누전 여부를 시험하는 버튼으로, 용량에 상관없이 모든 차단기에 부착되어 있다. 가정용 분전반은 메인 차단기

로 누전 차단기를, 분기 차단기로 배선용 차단기를 설치하지만 최근에는 누전이 발생할 수 있다는 안전상의 이유로 분기 차단기에도 누전 차단기를 설치한다.

누전 차단기는 수시로 작동 여부를 체크하는 것이 좋다. 한 달에 한 번 전기가 통하는 상태에서 빨간색 버튼을 눌러보고 전기가 차단되지 않으면 바로 교체해 사고를 미연에 방지해야 한다.

[TIP 차단기 용량 계산법(3상 380V 기준)]

사용전력(W)/사용전압(V) × 1.73($\sqrt{3}$)
= 허용전류(I)

사용전압에 따른 차단기 용량(사용전력 1kw 기준)

구분	220V	380V
부하전류──	4.5A	1.5A
분기 차단기	5A	1.7A
메인 차단기	6A	2A

─ **부하전류**

변압기나 전동기 부하에 걸렸을 때 흐르는 전류로 부하가 커지면 전류도 커진다.

배수

에스프레소는 포터필터에 담긴 분쇄원두의 양이 필터 바스켓보다 적거나 신선도가 떨어지면 추출이 끝나고 커피찌꺼기를 털었을 때 커피 퍽이 깔끔하게 분리되지 않고 미분도 많이 남게 된다. 분쇄원두에 비해 물기가 너무 많거나 가스가 충분히 배출되지 않아서 커피 퍽이 단단히 압축되지 않는 것이다.

이러한 상태에서 포터필터를 청소하면 작고 미세한 커피가루가 커피머신의 배수라인으로 흘러 들어가 하수구가 막히게 된다. 커피머신에서 버려지는 물은 수압이 높지 않아서 잔여물이 배수 파이프에 쉽게 쌓이기 때문이다.

또한 커피머신의 배수로를 확보할 때는 배수 파이프를 건물 배수관에 너무 깊숙이 집어넣지 않도록 주의해야 한다. 파이프와 배수관 사이의 간격이 좁으면 배수가 원활하지 않아서 파이프에 공기가 차고 배수관이 넘칠 수 있다.

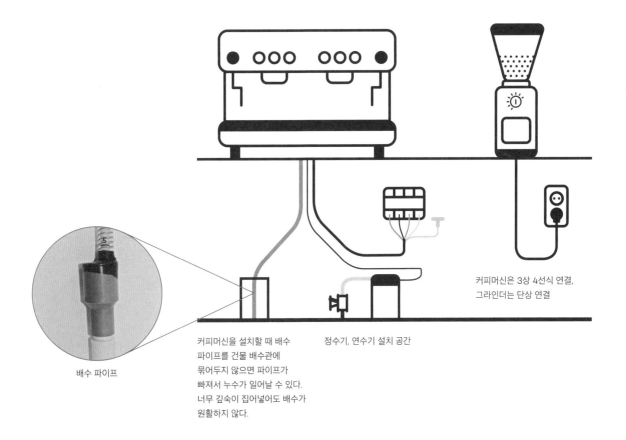

배수 파이프

커피머신을 설치할 때 배수 파이프를 건물 배수관에 묶어두지 않으면 파이프가 빠져서 누수가 일어날 수 있다. 너무 깊숙이 집어넣어도 배수가 원활하지 않다.

정수기, 연수기 설치 공간

커피머신은 3상 4선식 연결, 그라인더는 단상 연결

▲ 커피머신의 배수 흐름도

6.

에스프레소
머신 부품

에스프레소
머신 부품

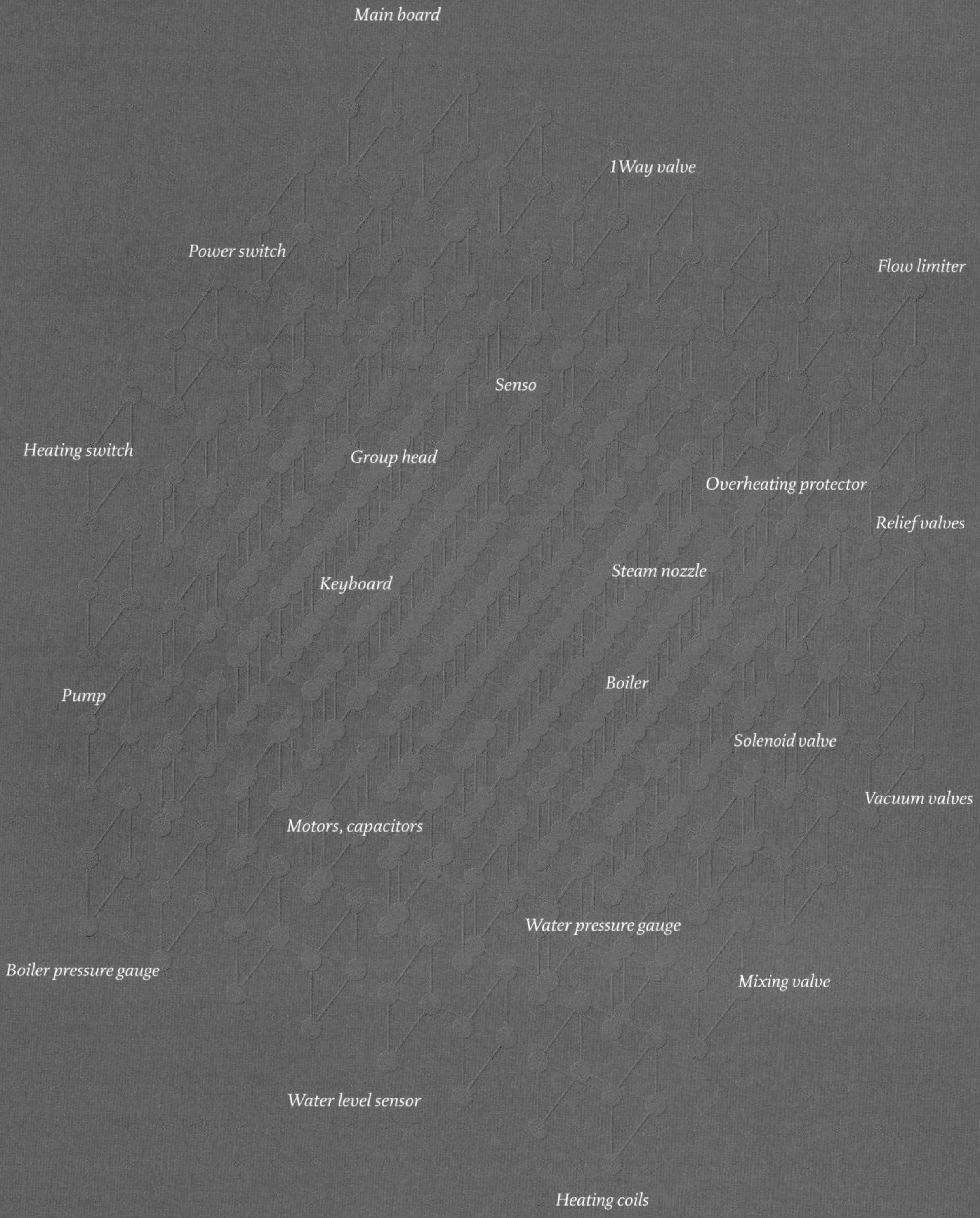
Main board
1Way valve
Power switch
Flow limiter
Senso
Heating switch
Group head
Overheating protector
Relief valves
Steam nozzle
Keyboard
Boiler
Pump
Solenoid valve
Vacuum valves
Motors, capacitors
Water pressure gauge
Boiler pressure gauge
Mixing valve
Water level sensor
Heating coils

메인보드
Main PCB
(Printed Circuit Board)

사람으로 치면 뇌에 해당하는 에스프레소 머신의 핵심부. 머신의 각 부품이 전달하는 신호를 읽고 작동시키는 역할을 한다. 머신에는 메인보드와 파워보드*power board*(전류를 필요한 곳에 공급하는 부속)가 하나로 되어 있는 것과 따로 분리되어 있는 것(일체형보다 메모리 크기가 크고 가격도 더 비싸다. 주로 기능이 많은 머신에 사용된다)이 있으며, 메인보드의 위치는 기종마다 다르다.

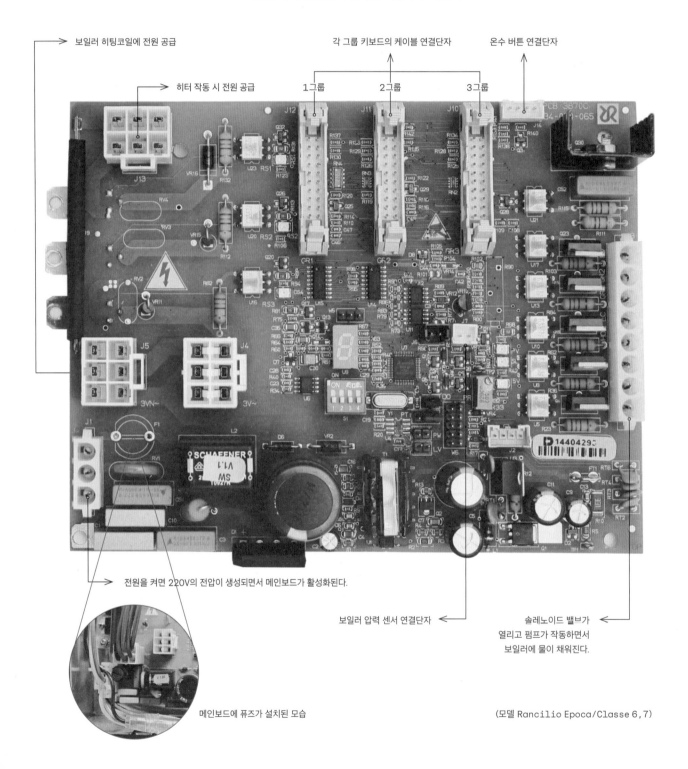

보일러 히팅코일에 전원 공급

히터 작동 시 전원 공급

각 그룹 키보드의 케이블 연결단자

온수 버튼 연결단자

1그룹   2그룹   3그룹

전원을 켜면 220V의 전압이 생성되면서 메인보드가 활성화된다.

메인보드에 퓨즈가 설치된 모습

보일러 압력 센서 연결단자

솔레노이드 밸브가 열리고 펌프가 작동하면서 보일러에 물이 채워진다.

(모델 Rancilio Epoca/Classe 6,7)

작동순서	전원단자 ─┬─→ 전원 스위치 → 메인보드 → 솔레노이드 밸브, 펌프

전원단자 ┬→ 전원 스위치 → 메인보드 → 솔레노이드 밸브, 펌프

└→ 히팅 스위치 → 과열방지기 → 보일러 컨텍터(보일러 내 히팅코일에 전기를
보내는 장치) → 히팅코일

역할과 기능

· 온수 및 추출수 공급
· 추출수 유량 설정
· 보일러 압력 조절
· 보일러 수위 감지
· 머신 내부의 전자밸브 개폐

주의사항

커피머신의 상판은 대부분 보일러에서 발생하는 열을 방출하기 위해 타공 처리가 되어 있다.
열이 밖으로 빠져나가지 않으면 머신 내부의 각종 연결선과 커넥터들이 경화될 수 있기
때문이다. 또한 상판에 난 구멍을 통해 액체가 머신 안으로 흘러 들어가면 고장의 원인이 될 수
있으므로 위에 물기가 남아있는 잔이나 시럽, 소스, 우유 등의 부재료를 올려두었다가 실수로
엎지르는 일이 없도록 각별히 주의해야 한다.

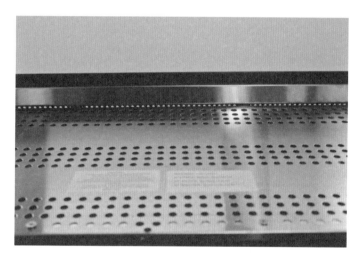

▶ 타공 처리된 머신의 상판

**고장 증상 및
해결방안**

커피머신은 부품에 이상이 생기면 기계 오작동이나 에러가 발생하는데, 머신의 상태를 확인했을
때 특이사항이 없다면 메인보드 문제라고 판단할 수 있다. 하지만 메인보드는 매우 고가의
부품이므로 직접 수리하는 것보다 해당 머신의 제조사나 판매사에 a/s를 신청하는 것이
더 현명하다. 메인보드를 미리 사두면 점검 결과 메인보드 문제가 아니어도 반품할 수 없기
때문이다.

전원 스위치
Main Switch

커피머신을 작동시키는 스위치에는 전원 스위치와 히팅 스위치가 있으며 두 가지를 동시에 켤 수도, 각각 따로 켤 수도 있다. 전원 스위치는 커피머신에 전원을 공급하여 메인보드를 활성화하고, 펌프와 솔레노이드 밸브를 작동시켜 추출압력을 형성하여 보일러로 물을 유입시킨다. 히팅 스위치의 역할인 보일러 히팅을 제외한 거의 모든 기능에 관여한다고 볼 수 있다.

▼ 전원 스위치의 종류

다이얼식
1단: 메인보드 전원 공급, 보일러 보충수 공급
2단: 메인보드 전원 공급, 보일러 보충수 공급,
    보일러 히팅(머신 예열)

버튼식
→ 히팅 스위치
→ 전원 스위치

역할과 기능

커피머신의 전원 스위치를 누르면 펌프가 작동하면서 보일러 내 수위 센서까지 물이 자동으로 공급되고, 물이 다 채워지면 펌프가 저절로 작동을 멈춘다.

주의사항

전원 스위치만 켜고 히팅 스위치를 켜지 않으면 추출수가 가열되지 않아 커피를 제대로 추출할 수 없고, 온수도 사용할 수 없다.

그럼에도 전원 스위치와 히팅 스위치를 별도로 둔 이유는 물이 다 채워지지 않은 상태에서(예를 들어 머신을 처음 설치하는 경우나 보일러 안의 물을 비운 후 재가동시키는 경우) 보일러를 예열하면 히터의 온도가 급격히 상승하여 히팅코일이 단선되거나 과열방지기가 차단되는 문제가 발생할 수 있기 때문이다. 머신을 사용할 때는 가장 먼저 전원 스위치를 켜고 보일러에 적정량의 물이 채워지면 그때 물 공급을 중단하고 히터를 작동시켜야 한다.

최근 출시된 머신들은 대부분 전원 스위치와 히팅 스위치를 동시에 켜도 보일러의 물이 수위 센서까지 채워지지 않으면 히터가 작동하지 않는 안전 시스템을 적용하여 히팅코일과 과열방지기를 보호하고 있다.

고장 증상

커피머신에 전원이 들어오지 않는다.
차단기가 트립된다.

해결방안

① 메인 차단기 불량 체크

커피머신의 전원 표시등에 불이 들어오지 않거나 사용 도중 갑자기 작동이 중단되었다면 메인 차단기의 스위치부터 점검해야 한다. 차단기가 내려가 있다면 복구 작업을 거쳐 머신을 다시 가동시킨 다음 추가적인 문제가 없는지 살펴본다. 복구 작업 후에도 차단기가 계속 내려간다면 정확한 원인을 찾기 전까지 머신을 사용하면 안 된다.

일반적으로 이러한 문제는 누전이나 합선이 아닌 이상 차단기 용량이 주요 원인이기 때문에 머신의 사양에 비해 차단기 용량이 작지 않은지 확인해볼 필요가 있다. 만약 차단기 용량에 문제가 있는 게 아니라면 소모품인 차단기의 특성상 교체시기가 다가온 것일 수도 있다.

② 부품 누전 체크

커피머신의 각 부품에 누전이 발생했을 경우 전원이 들어오지 않을 수 있다. 대표적으로 아래의 다섯 가지 사례를 들 수 있다.

---

a. 220v 전원을 사용하는 펌프 모터의 코일에 물이 닿았을 경우(펌프 모터 누전 테스트)

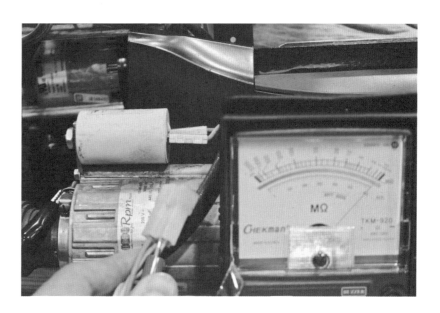

집게처럼 생긴 누전 테스터기의 빨간색 선은 커피머신의 도체(도색되어 있지 않은) 부분이나 접지선에 물리고, 검은색 선은 펌프 모터에 연결된 두 개의 전원선에 각각 하나씩 가져다 댄다.(빨간색 선과 검정색 선은 전류가 흐르는 두 개의 전극이다) 이때 누전 테스터기의 바늘이 오른쪽 끝까지 움직이면 펌프 모터의 코일이 누전된 것이다.

b. 솔레노이드 코일(원통 모양으로 감긴 코일)이 물과 접촉하여 플런저 커버에 누수가 생겼을 경우
   (솔레노이드 코일 누전 테스트)

c. 히팅코일의 동관이 파손되어 물에 닿았을 경우(히팅코일 누전 테스트)

d. 전원 스위치와 히팅 스위치가 물에 닿았을 경우

e. 메인보드나 파워보드 같은 전자부품에 물이 들어갔을 경우

③ 전원 스위치 불량 체크

전원 스위치의 연결선을 제거한 후 도통 테스트로 단선 여부를 확인한다. 만약 단선 문제를 해결하고 다시 전원을 켰는데도 전기가 통하지 않는다면 스위치 고장이므로 교체해줘야 한다. 단, 전기 작업은 반드시 머신의 전원이 차단된 상태에서 진행해야 한다.

▶ 전원 스위치 도통 테스트

전원 스위치를 켠 상태에서 도통 테스트를 했을 때 부저가 울리면 정상이다.

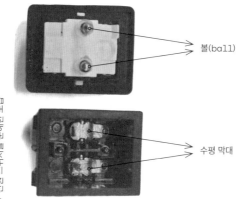

볼(ball)

수평 막대

▶ 전원 스위치를 분해한 모습

사진 속 전원 스위치는 수평 막대가 시소처럼 오르락내리락하면서 전원이 들어왔다 나갔다를 반복하는데, 이때 볼*ball*이라고 적힌 부분은 수평 막대가 잘 움직일 수 있도록 중간에서 윤활유 역할을 한다.

④ 케이블 단선 체크

스위치 문제도 아니라면 전원단자의 연결선에 단선된 부분이 없는지 꼼꼼히 체크한다. 간혹 쥐가 연결선을 갉아먹어 단선되는 경우도 있는데, 이럴 때는 끊어진 선을 다시 연결해 절연테이프로 감싸고, 매장 곳곳에 쥐약을 놓아두는 것이 좋다.

히팅 스위치
Heating Switch

히팅 스위치는 보일러 내 히팅코일에 전원을 공급하여 히터를 작동시키고 보일러를 가열한다.

역할과 기능

히팅 스위치를 켜고 나서 보일러의 압력이 1~1.3bar에 도달하기까지는 2그룹 에스프레소 머신을 기준으로 대략 25~35분이 소요된다.

주의사항

커피머신을 새로 설치하거나 보일러의 물을 전부 다 뺐다가 재가동할 때는 우선 전원 스위치를 켜서 보일러에 물을 채운 다음 히팅 스위치를 켜야 한다. 물론 어떤 커피머신을 사용하느냐에 따라 조금씩 다르지만 일반적으로 보일러의 히팅코일이 물에 충분히 잠기지 않은 상태에서 히팅 스위치를 누르면 공기 중에 노출된 히팅코일이 급격히 과열되어 히팅코일에 부착된 과열 차단기가 작동되고 전원 공급이 중단되기 때문이다. 이 경우에는 보일러에 물이 어느 정도 채워질 때까지 기다렸다가 전원을 끄고 과열 차단기를 직접 손으로 눌러 복구한 후 전원 스위치와 히팅 스위치를 다시 차례대로 누르면 된다. 이때 히팅 스위치는 전원 스위치를 켜고 5초가 지났을 때쯤 켜는 것이 좋다.

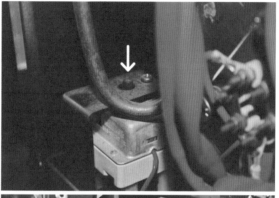

▶ 과열 차단기 복구

히팅코일에 과열 차단기를 삽입하여 센서로 온도를 감지한다.
과열 차단기가 작동하면 전기가 통하지 않으므로 돌출된 핀을 눌러 수동으로 복구해야 한다.

고장 증상 및 해결방안

히팅 스위치를 누른 지 40분이 지났는데도 보일러의 물이 가열되지 않는다면 히팅 스위치를 켜서 도통 테스트를 하고 단선 문제일 경우 스위치를 교체해야 한다. 때에 따라서는 전원 스위치가 고장 나 히팅 스위치가 켜지지 않기도 한다.

키보드
Keyboard

커피머신의 키보드는 사용자가 원하는 기능을 버튼 하나로 쉽고 간편하게 조작할 수 있도록 돕는다. 기종에 따라 키보드 대신 터치패드가 달려 있는 머신도 있다. 특히 반자동 머신은 그룹별로 물량을 다르게 설정하여 사용자가 원하는 양의 커피를 일정하게 추출할 수 있다.(단, 플로우 미터가 장착되어 있어야 한다)

플로우 미터 연결선

메인보드 연결선

▲ 온수 버튼(버튼식과 다이얼식)

역할과 기능

키보드는 보통 5개 버튼으로 구성되어 있으며, 이중 4개는 사용자가 원하는 대로 물량을 설정할 수 있다. 나머지 1개는 프리 버튼이라고 해서 물량이 따로 정해져 있지 않으며 주로 그룹헤드를 청소할 때나 열수 흘리기를 할 때 사용한다. 프리 버튼을 7초 이상 누르고 있으면 버튼에 불이 들어오면서 추출수 세팅 모드로 전환된다. 디지털 디스플레이가 있는 경우에는 추출수 세팅 모드를 선택하면 된다. 머신은 플로우 미터가 회전하는 수를 기준으로 물량을 파악하며, 디지털 디스플레이가 설치된 머신은 플로우 미터를 회전수로 나타낸다. 보통 회전수의 절반 값을 물량으로 보는데, 예를 들어 회전수가 100이면 물량은 50ml인 것이다. 하지만 인퓨전 공간이 있는 머신은 추출 후 약 5ml의 추출수가 버려지기 때문에 만약 15g의 분쇄원두로 30ml의 에스프레소를 추출했다면 총 45ml의 추출수가 사용됐다고 볼 수 있다.

메뉴 버튼   프리버튼

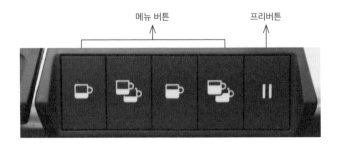

▲ 커피머신 키보드의 메뉴 버튼과 프리 버튼. 버튼마다 다른 물량을 설정할 수 있다.

추출수 세팅이 가능한 상태가 되면 머신에 분쇄원두가 담긴 포터필터를 장착한 후 원하는 버튼을 눌러 추출을 시작하고 적정량의 커피가 추출됐을 때(샷글라스나 계량저울로 측정 가능) 다시 버튼을 눌러 추출을 끝낸다. 그런 다음 처음에 눌렀던 프리 버튼을 한 번 더 누르면 추출량이 세팅된다. 대다수의 머신들이 맨 왼쪽에 있는 첫 번째 그룹을 기준으로 나머지 그룹도 동일한 물량이 설정된다.

매장 구분	☕	☕☕	☕	☕☕
	에스프레소 1샷	에스프레소 2샷	룽고 1샷	룽고 2샷
개인 카페	아메리카노 1잔	아메리카노 2잔	에스프레소 베리에이션 커피 1잔	에스프레소 베리에이션 커피 or 아이스 아메리카노 2잔
	사용 안 함	리스트레토 2샷	사용 안 함	룽고 2샷
커피 프랜차이즈		아메리카노 1잔		에스프레소 베리에이션 커피 or 아이스 아메리카노 1잔

▶ 버튼 사용 예시

(추출량 리스트레또 20ml, 에스프레소 30ml, 룽고, 40ml 기준)

* 위 표에서는 아이스 아메리카노가 얼음이 녹으면서 묽어질 것을 감안해 룽고 2샷을 넣는다고 가정했지만 레시피는 매장 컨셉에 따라 얼마든지 달라질 수 있다.

고장 증상 및 해결방안

프리 버튼을 길게 눌렀는데도 추출수의 물량이 설정되지 않는 것은 플로우 미터가 보낸 신호를 메인보드가 읽지 못해서인데, 대부분 플로우 미터의 고장이나 케이블 단선이 원인이다.

▶ 플로우 미터 케이블

플로우 미터는 머신 위쪽 또는 아래쪽에 달려 있기 때문에 플로우 미터의 상태를 파악하려면 머신의 상판을 열거나 배수 트레이를 분해해야 한다.

보일러
Boiler

커피 추출에 사용되는 추출수와 온수, 스팀을 만드는 장치인 보일러는 일정한 온도와
압력을 유지해야 하는 만큼 안정성이 가장 중요하기 때문에 튼튼하고 견고하게
제작된다.

▲ 2그룹 에스프레소 머신에 내장된 단일형 보일러

▲ 머신 내부 모습

[TIP 보일러 재질에 따른 장단점]

재질		장점	단점
동		· 연장성이 뛰어나 성형하기 쉽다. · 열전도율이 높다. · 온도 유지력이 좋다. · 온도 변화에 대한 탄력성이 뛰어나다.	· 동이 수축, 팽창하는 과정에서 부품의 수명이 짧아진다. · 보일러의 수명이 짧다. · 부식에 약하다.
스테인리스 스틸		· 부식에 강하다. · 위생적이다. · 보일러의 수명이 길다. · 열 보존력이 뛰어나다. · 스케일 제거 작업이 동 보일러에 비해 비교적 수월하다.	· 동파에 약하다. · 성형하기 어려워 공임비 부담이 크다. · 가격이 비싸다.

니켈크롬도금		· 부식 방지 효과가 크다.
		· 동의 수축과 팽창이 적어 부품의
		  수명이 긴 편이다.
		· 열 보존력이 뛰어나다.
			· 도금을 정확하고 고르게 하지 않으면
			  보일러 내부에 균열이 생겨 온수를
			  배출했을 때 이물질이 딸려 나올 수
			  있다.

1. 보일러의 원료인 동판을 준비한다.

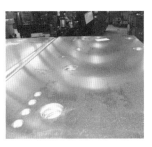

2. 동판에 구멍을 뚫는다.

3. 동판을 보일러 형태에 맞춰 둥글게 가공한다.

4. 보일러의 측면을 감쌀 덮개를 제작한다.

5. 다른 한쪽은 히팅코일이 들어가는 부분을 감안해 제작한다.

6. 보일러의 양 측면과 덮개를 용접한다.

7. 열교환기를 용접한다.

8. 보일러에 열교환기를 조립한다.

9. 보일러에 히팅코일을 조립한다.

10. 각 조립부의 누수를 확인한다.

11. 보일러를 세척한다.

12. 머신에 보일러를 조립한다.

13. 머신이 제대로 작동하는지 테스트한다.

펌프
Pump

1   로터리 펌프

2   바이브레이션 펌프

펌프의 압력 작용은 관을 통해 액체나 기체를 이동시키고 추출압력을 높이는 역할을 한다. 다양한 종류의 펌프가 있지만 커피머신에는 로터리 펌프와 바이브레이션 펌프를 가장 많이 쓴다.

로터리 펌프는 모터의 회전력을 이용해 수압을 상승시키며 회전 펌프라고도 한다. 바이브레이션 펌프는 펌프에 부착된 전자코일에 전기를 가해 자기력으로 피스톤 왕복운동을 하면서 압력을 발생시킨다.

구분	로터리 펌프	바이브레이션 펌프
사용전압	220v	220v
사용시간	제한 없음	2분 가동 후 1분 중지
압력 수치	항상 일정하게 유지함	분쇄원두의 상태(입자 크기, 탬핑 방식 등)에 따라 다름
압력 조절 방법	수압 게이지를 보며 조절	수압체크용 포터필터를 장착한 상태에서 OPV(Over Pressure Valve)로 조절
가격	비쌈	저렴함
수압이 약한 곳에서의 사용 가능여부	1m가량 떨어진 거리에서도 물을 끌어올 수 있을 만큼 힘이 세기 때문에 굳이 머신에 내장하지 않아도 충분히 수압을 만들어낼 수 있다. 소음도 적은 편이다.	머신에 내장된 물탱크와 펌프 사이에 거리 제한이 있으며, 소음도 큰 편이다. 중간에 쉬지 않고 연속적으로 사용할 경우 펌프의 용량이 줄어들어 압력이 낮아질 수 있다.
압력이 설정 값에 도달하기까지 걸리는 시간	펌프 가동과 동시에	펌프 가동 후 서서히
단독 사용 가능여부	모터가 있어야 사용 가능	전기만 연결되면 모터 없이도 사용 가능

주의사항

로터리 펌프의 용량은 머신마다 조금씩 다르기 때문에 모터에 표기된 콘덴서 용량을 기준으로 선택해야 한다. 일반적인 콘덴서의 용량은 5~10μF이며, 용량이 작은 모터에 용량이 큰 펌프를 사용하면 압력을 일정하게 유지하기 어렵고, 수압 게이지의 바늘도 심하게 흔들린다.

▲ 펌프 모터와 기동 콘덴서

1. 로터리 펌프

로터리 펌프는 1,300rpm 이상의 속도로 회전하는 모터가 달려 있으며, 회전 날개의 축이 빠르게 돌아가며 물을 끌어오고 압력을 만들어 낸다. 일반적인 건물의 수돗물은 수압이 2~4bar지만 커피머신은 펌프가 작동하면서 보일러로 유입된 물의 압력을 에스프레소 추출에 필요한 8~10bar로 상승시킨다.

추출압력은 바이브레이션 펌프와 큰 차이가 없지만 모터의 발열이 적기 때문에(모터와 펌프가 분리되어 있고 후면에 팬이 장착되어 있다) 연속적으로 사용해도 압력을 일정하게 유지할 수 있다. 소음은 작지만 가격이 비싸다.

—— **RPM**

회전 속도를 나타내는 단위로 분당 회전수를 가리킨다.

▲ 로터리 펌프 위치

▲ 로터리 펌프 내부 구조

[TIP 로터리 펌프 압력 조절 방법]

펌프가 가동되면 커피머신의 수압 게이지를 보며 압력을 조절한다. 수압은 펌프의 압력조절나사로 조절할 수 있는데, 나사를 시계방향으로 돌리면 수압이 높아지고 반시계방향으로 돌리면 수압이 낮아진다.

하지만 수압 게이지는 어디까지나 펌프의 압력을 나타내는 것일 뿐이므로 추출압력을 좀 더 정확히 맞추고 싶다면 일반 필터 바스켓이 아닌 블라인드 필터*blind filter*—— 를 끼운 포터필터를 장착한 상태에서 펌프를 가동시켜야 한다. 커피 퍽은 추출수가 통과하면서 생긴 저항에 의해 추출압력보다 0.5bar 정도 높은 압력이 작용하므로 바닥이 막혀 있는 블라인더 필터를 이용해 실제 추출과 가장 비슷한 조건으로 압력을 테스트하는 것이다.(포터필터에 일반 필터 바스켓을 끼운 채로 압력 테스트를 하면 추출수가 그대로 빠져나가 저항이 생기지 않는다)

—— **블라인드 필터** *blind filter*

필터 바스켓의 일종으로 모양과 크기는 일반 필터 바스켓과 거의 흡사하지만 추출수가 빠져나가지 못하게 바닥이 막혀 있다는 것이 차이점이다. 주로 머신을 청소할 때 사용하며 블라인드 필터 대신 청소용 가스켓을 쓰기도 한다. 청소용 가스켓은 고무재질로 되어 있어 물에 닿았을 때 밀착효과가 뛰어나고 가격이 저렴하다는 장점이 있지만 내구성이 떨어지기 때문에 오래되면 교체해줘야 한다.

▲ 로터리 펌프 압력 조절

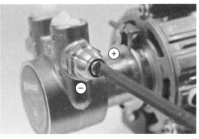

▲ 9bar를 가리키는 수압 게이지 바늘

**고장 증상 및
해결방안**

① 직수를 연결할 수 없을 때

수압은 물의 유량과 비례하기 때문에 수압이 약하다는 것은 즉 물의 양이 적다는 뜻이다.
커피머신의 경우 유량이 추출에 필요한 물의 양보다 많으면 기계에 무리가 가고 심지어는
펌프에서 굉음이 나기도 하는데, 이때 물통에 호스를 꽂고 로터리 펌프를 장착하면 수압이
내려가 에스프레소를 정상적으로 추출할 수 있다.

② 물도 공급되고 소음도 없는데 추출압력이 조절되지 않을 때

압력조절나사의 오링이 경화되거나 스케일이 쌓이면 압력이 제대로 조절되지 않는다. 오링
교체나 스케일 제거 후에도 변화가 없다면 펌프의 회전 날개가 마모됐을 가능성이 높다. 이는
펌프의 수명이 다 된 것이므로 교체해야 한다.

압력조절나사 분해

스케일이나 물때 제거 후 오링 교체

오링

펌프 수명 교체 ▶

③ 모터에서 펌프를 분리한 후 손으로 축을 돌렸을 때 걸리거나 **빡빡한 느낌**이 든다면

펌프는 물이 충분히 공급되지 않거나 장시간 공회전할 경우 내부가 뜨거워져 베어링이 딱딱하게 굳어지고 잘 돌아가지 않을 수 있다. 이때는 펌프를 새것으로 교체하는 방법밖에 없다.

펌프 축 체크 방법

펌프와 모터를 연결하는 고정밴드를 분리한 후 축을 손으로 돌려 경화 상태를 체크한다.

③ 수압 게이지의 바늘이 **0**을 가리킬 때

정수필터가 막히거나 수도가 단수되면 커피머신에 물이 원활하게 공급되지 못하고 수압도 형성되지 않는다. 이러한 상태에서는 절대로 머신을 작동시켜선 안 되며, 만약 단수 때문이라면 머신에 연결된 은색 급수호스를 정수필터에서 분리해 물통에 꽂아 사용하고, 정수필터 문제라면 새것으로 교체한 후 사용해야 한다.

급수호스 연결방법

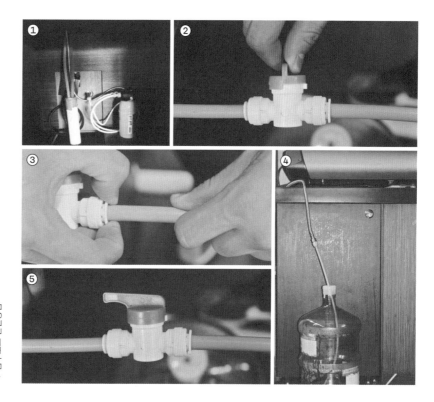

① 정수필터가 설치된 모습 ③ 머신에 연결된 호스 분해 ⑤ 단수 복구 후
② 급수밸브 차단 ④ 생수통에 연결 　　머신에 재연결

2. 바이브레이션 펌프

바이브레이션 펌프는 가정용 반자동 머신과 캡슐머신, 자동 머신 등 소형 커피머신에 주로 사용하는 진동 펌프다. 교체비용은 로터리 펌프에 비해 저렴하지만 소음이 크고 연속 사용 시 코일에 열이 많이 발생한다는 단점이 있으므로 2분가량 연속 사용한 후에는 1분 정도 쉬어주는 것이 좋다. 바이브레이션 펌프는 수압이 상승하는 속도가 상대적으로 느리기 때문에 추출압력이 정상수치에 도달하기 전에 프리 인퓨전과 비슷한 효과를 낼 수 있다.

▲ 바이브레이션 펌프 위치

주의사항

가정에서 사용하는 전기인 교류(AC)전압──은 주파수──에 따라 50hz와 60hz 두 종류로 나뉜다. 전 세계의 80% 이상이 50hz를 사용하는데 반해 한국은 60hz를 사용한다. 물론 일반적인 가전제품은 주파수와 크게 상관없지만 커피머신은 펌프의 모터와 코일이 주파수의 영향을 받기 때문에 주파수에 따라 성능 차이가 난다.

예를 들어 주파수가 50hz인 국가에서 제작된 커피머신을 주파수가 60hz인 우리나라에 설치할 경우 추출압력이 낮아져 원하는 맛이 나지 않을 수 있으므로 펌프를 60hz용으로 교체하거나 분쇄원두의 입자를 굵게 조절해야 한다. 커피 추출 시 원두의 분쇄도가 너무 가늘면 추출속도가 느려져 펌프의 작동시간이 길어지고 발열도 심해진다. 바이브레이션 펌프의 수명이 짧아지는 이유도 바로 이 때문이다. 반대로 분쇄도가 굵으면 추출시간은 맞출 수 있지만 어떤 원두를 사용하느냐에 따라 커피의 농도가 낮아질 가능성이 있다.

──── **교류(AC)전압**
크기와 방향이 시간에 따라 규칙적이고
주기적으로 변하는 전압.

──── **주파수**
단위 시간(보통 1초)에 몇 개의 주기나
파형이 반복되는지를 나타낸 숫자로
단위는 헤르츠(hz)다.

모터, 콘덴서
Motor,
Condenser

펌프 축에 장착돼 있는 모터는 1,300rpm 이상의 속도로 고속 회전하며 커피
추출에 필요한 7~10bar의 압력을 만들어 낸다. 콘덴서는 모터가 회전을 시작하는
시점에 동력을 가해 펌프가 원활하게 작동할 수 있도록 돕는 부품이며 기동
콘덴서라고도 한다. 커피머신의 콘덴서는 모두 단상 모터를 사용한다.

주의사항

콘덴서가 불량이면 커피머신의 전원을 켜도 모터가 회전하지 않으며 추출압력이 올라가는
속도도 매우 느리다. 콘덴서의 불량 여부는 테스터기를 이용해 확인할 수 있다. 콘덴서를 교체할
때는 남아있는 전류가 통하지 않도록 절연장갑을 끼고 작업해야 한다.
콘덴서의 양극에 드라이버 같은 도체를 가져다 대면 전하가 방전되어 감전사고를 예방할 수
있다.

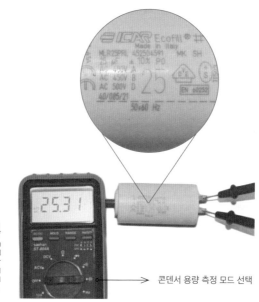

▶ 콘덴서 불량 체크

콘덴서 용량 측정 모드 선택

콘덴서 용량 측정이 가능한(┤├표시가 있는) 테스터기를 사용한다. 콘덴서 용량이
25nf(±10%)라는 것은 정상수치가 22.5~27.5nf라는 뜻이다.

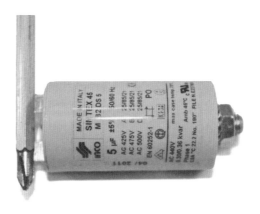

▶ 콘덴서 교체 전 잔류전하 방전

수압 게이지
Water Pressure Gauge

커피머신에 공급되는 물의 압력과 단수 여부, 추출압력 등을 확인할 수 있는 장치로 머신 정면에 부착돼 있다. 머신이 대기 중일 때는 수압 게이지 또는 수압계, 머신이 작동 중일 때는 펌프압력 게이지 또는 추출압력 게이지라고 부른다.

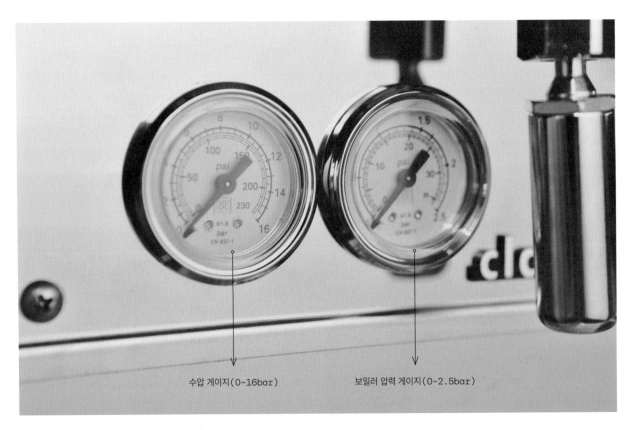

수압 게이지(0~16bar)　　　보일러 압력 게이지(0~2.5bar)

▲ 독립형 게이지

수압 게이지(0~15bar) ←　　　→ 보일러 압력 게이지(0~2.5bar)

▲ 일체형 게이지

**고장 증상 및
해결방안**

① 수압이 너무 약할 때

머신을 설치하려는 곳의 수압이 너무 낮다면 싱크대 아래나 급수 밸브에 가압펌프를 설치해
수압이 기준치 이하로 떨어지는 것을 막는다.

▶ 가압펌프 설치 사례

② 수압이 너무 강할 때

수압이 지나치게 높은 곳은 머신 내부의 연결부가 취약한 곳에 누수가 발생할 수 있으므로
수압이 6bar 이상이라면 감압밸브를 설치해 수압을 낮춰야 한다.

▶ 감압펌프

▶ 감압펌프 조절밸브

③ 수압 게이지의 바늘이 가리키는 대기 압력이 10~12bar 이상일 때, 혹은 펌프의
압력을 낮게 조절한 후에도 눈금이 9bar 이하로 떨어지지 않을 때

급수 밸브를 잠근 상태로 머신을 켰을 때 펌프에서 큰 소리가 나면 머신을 끄고 수압 게이지의
눈금을 확인한다. 만약 수압 게이지의 바늘이 0을 가리킨다면 보일러 내 열교환기의 물이
역류하여 실제와 다른 압력이 표시된 것이므로 플로우 미터의 전 단계에 있는 1way 밸브를
분해하여 오링을 교체해야 한다.

④ 수압 게이지의 바늘이 0이 아닌 다른 숫자를 가리킬 때

수압 게이지의 바늘이 고장나는 것은 대부분 추운 겨울 압력조절밸브의 동파가 원인이다.
이럴 때는 바늘이 다시 원상 복구되지 않으므로 수압 게이지를 통째로 교체해야 한다.

보일러 압력 게이지
Boiler Pressure Gauge

보일러의 압력을 확인할 수 있는 장치로 머신 정면에 부착돼 있다. 보일러에 물이 70% 정도 채워지면 수위를 감지하는 센서에 의해 히팅코일이 가열되어 온수가 끓기 시작하고, 나머지 30%의 공간에 증기압이 형성되어 보일러 압력 게이지의 바늘이 움직이게 된다. 바늘은 눈금 하나가 0.1~2.5bar를 나타내며, 아래의 포화증기표를 보면 알 수 있듯이 바늘이 1bar를 가리키는 것은 보일러의 내부 온도가 120℃라는 뜻이다.

1

1
보일러 압력 게이지
1.5bar 이상으로는 위험한 수치다.

2

계기압력 (kg/cm² G)	절대압력 (kg/cm² A)	포화온도 (℃)	비용적 (m³/kg)	현열량 (Kcal/kg)	잠열량 (Kcal/kg)	전 열 (Kcal/kg)
	0.05	32.55	28.7184	32.560	579.12	611.68
	0.10	45.45	14.9467	45.438	571.76	617.20
	0.15	53.59	10.2084	53.569	567.07	620.64
	0.20	59.66	7.79127	59.637	563.54	623.18
	0.25	64.56	6.31916	64.528	560.67	625.20
	0.30	68.68	5.32592	68.650	558.24	626.89
	0.35	72.25	4.60929	72.228	556.11	628.34
	0.40	75.42	4.06715	75.400	554.22	629.62
	0.45	78.27	3.64225	78.255	552.51	630.76
	0.50	80.86	3.30001	80.855	550.94	631.79
	0.55	83.24	3.01917	83.144	549.49	632.73
	0.60	85.45	2.78214	85.465	548.13	633.60
	0.65	87.51	2.58188	87.531	546.87	634.40
	0.70	89.45	2.40834	89.474	545.68	635.15
	0.75	91.27	2.25812	91.301	544.55	635.85
	0.80	92.99	2.12544	93.034	543.48	636.51
	0.85	94.62	2.00848	94.676	542.45	637.13
	0.90	96.18	1.90365	96.244	541.48	637.72
	0.95	97.66	1.80993	97.735	540.54	638.28
	1.00	99.09	1.72495	99.172	539.64	638.81
0.0	1.03323	100.00	1.67300	100.092	539.06	639.15
0.2	1.233	105.03	1.41782	105.165	535.84	641.01
0.4	1.433	109.43	1.23208	109.605	532.99	642.60
0.6	1.633	113.35	1.09031	113.570	530.43	644.00
0.8	1.833	116.89	0.978472	117.160	528.07	645.23
1.0	2.033	120.13	0.898089	120.445	525.90	646.35
1.2	2.233	123.12	0.813309	123.480	523.89	647.37
1.4	2.433	125.90	0.750532	126.309	521.99	648.30
1.6	2.633	128.50	0.697014	128.953	520.20	649.15
1.8	2.833	130.94	0.650754	131.445	518.49	649.94
2.0	3.033	133.25	0.610505	133.796	516.88	650.68

2
포화 증기표
압력에 비례하는 온도를 나타낸 표.

고장 증상 및 해결방안

만약 보일러의 히팅 스위치를 켜고 30분이 지나도 바늘이 움직이지 않고 보일러의 물도 가열되지 않는다면 아래 방법으로 조치한다.

a. 히팅 스위치 → 도통 테스트

b. 보일러 컨텍터 → 도통 테스트

c. 압력 센서 또는 열 센서 → 부품 교체 후 테스트

d. 히팅코일 → 저항 값 체크(단선되면 화면에 MΩ(메가옴)이라고 뜬다)

e. 과열방지기 → 도통 테스트 후 단선 여부 확인

f. 메인보드 → 부품 교체 후 테스트

g. 레벨센서 → 보일러 수위 체크 후 스케일 제거

h. 보충수 공급 밸브 → 분해 청소 또는 플런저 교체

수위 센서
Water Level Sensor

수위 센서 또는 레벨 센서는 말 그대로 보일러 내 수위를 감지하는 장치다. 센서의 높이를 조절하는 방식으로 사용자가 원하는 물량을 맞추며, 센서 끝부분이 물에 닿으면 물 공급을 중단한다. 보일러는 보통 70%가량 물이 채워져 있으며 커피머신 정면의 수면계를 통해 물량을 확인할 수 있다. 물량은 매장의 특성에 따라 다르게 설정하는데 스팀을 많이 사용하는 곳에서는 물을 적게, 온수를 많이 사용하는 곳에서는 물을 많이 채우는 편이다. 수위 센서에는 프로브*probe* 타입과 보드*board* 타입이 있으며, 프로브 타입은 스케일이 생길 경우 수위 센서보다 보일러 안에 물이 더 많이 채워질 수 있다.

▶ 스케일 발생으로 인한 수위 변화

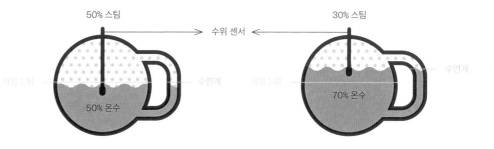

▶ 프로브 타입

프로브 타입은 수위를 조절할 때 원하는 만큼 센서를 잡아올리면 된다. 간혹 스케일 문제가 발생하긴 하지만 고장률이 그다지 높진 않다.

▶ 보드 타입

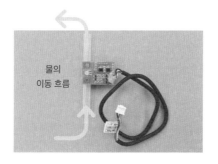

보드 타입은 수면계를 감싸고 있는 보드를 위아래로 움직여 수위를 조절하는 방식이다. 프로브 타입에 비해 스케일이 발생할 확률은 낮지만 프로브 타입과 마찬가지로 스케일이 쌓여 물의 흐름이 막히면 수위에 오차가 생길 수 있다.

주의사항

수위 센서에 문제가 생기면 적정 수위보다 더 많은 양의 물이 보일러로 유입된다. 물론 스케일의 범위가 넓지 않다면 별 문제 없지만 스케일이 센서의 상당부분을 차지할 경우 수위를 제대로 감지하지 못해 보일러 내부에 물이 지나치게 많이 채워지고, 보일러에는 스팀보다 온수가 더 많아져 스팀밸브를 열었을 때 스팀이 아닌 온수가 나오게 된다. 특히 단일형 보일러는 수위 센서가 고장나면 이러한 변화로 인해 추출수 온도가 낮아질 수도 있다.

수위 센서를 분해 청소할 때는 머신의 전원을 끈 다음 스팀밸브를 활짝 열어 스팀노즐 안쪽에 고여 있는 물을 완전히 빼내야 한다.

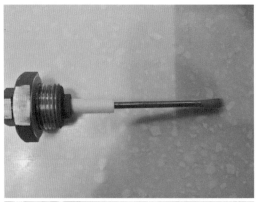

▶ 수위 센서 스케일

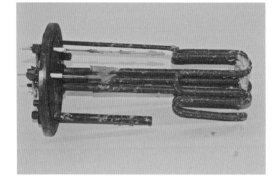

센서에 스케일이 쌓이면 수위 감지 기능이 저하된다.

히팅코일
Heating Coil

보일러에 내장된 히팅코일은 보일러의 물을 가열시키는 역할을 하며, 종류에는 직접 가열식과 간접 가열식이 있다. 직접 가열식은 히팅코일과 물이 직접 접촉하는 방식으로 단일형 보일러의 스팀·온수 보일러와 독립형 보일러의 그룹 보일러에 주로 사용되며, 스팀·온수 보일러의 물이 열교환기의 물을 가열하는 단일형 보일러의 커피 보일러는 간접 가열식의 대표적인 사례다.

반자동 머신의 히팅코일은 대부분 열전도율이 높고 연성이 뛰어나 성형이 용이한 동 재질로 되어 있으며, 반자동 머신에 비해 보일러 크기가 작은 자동 머신이나 드립 머신은 스테인리스 스틸로 된 히팅코일을 많이 쓴다. 스케일 제거 작업을 할 때 약품에 의한 부식이 덜하기 때문이다.

한편 히팅코일의 개수는 커피머신의 그룹수와 보일러 방식에 따라 다른데, 히팅코일의 개수가 많거나 사용전력이 높으면 같은 양의 물도 더 빨리 끓일 수 있다.

1

2

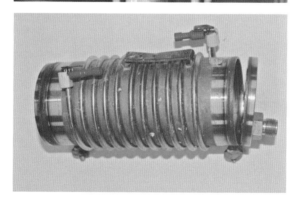

3

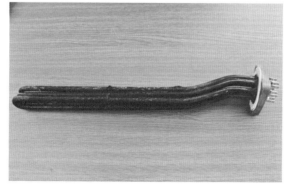

1
직접 가열식 히팅코일
단일형 보일러의 측면에서
바라본 모습
2
간접 가열식 히팅코일
히팅코일이 밴드 형태로
열교환기를 감싸고 있다.
3
히팅코일 스케일

① 단일형 보일러

보일러 한 대로 온수와 스팀, 추출수를 모두 만들기 때문에 3개의 코일을 연결해 전기용량을
3~5kw로 극대화하고 단시간에 빠르게 물을 가열시킨다.

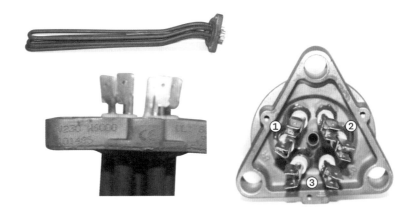

▶ 단일형 보일러 히팅코일

② 독립형 보일러

스팀·온수 보일러에 설치하는 1개의 코일과 별개로 각 그룹 보일러에 1~2kw짜리 내장형(직접
가열식) 또는 외장형(간접 가열식) 히팅코일을 설치한다.

③ 분리형 보일러

분리형 보일러 역시 독립형 보일러와 마찬가지로 스팀·온수
보일러에 1개의 코일을 설치하고, 커피 보일러에는
1~2.5kw짜리 히팅코일을 설치한다.

④ 혼합형 보일러

스팀·온수 보일러의 열교환기에서 100℃ 이상으로 가열된 물과 상온수를 혼합해 만든 약
80℃의 온수를 각 그룹 보일러로 보내 추출수로 사용하는 방식. 혼합형 보일러의 경우 스팀·온수
보일러에는 3~4kw, 그룹 보일러에는 250w~1kw 히팅코일을 설치하는 것이 일반적이며,
하이엔드 머신에 많이 쓰이는 방식인 만큼 부품이 외부의 변화에 민감하게 반응한다.

▶ 혼합형 보일러 히팅코일

압력 센서, 열 센서
Pressure Sensor, Heat Sensor

보일러의 압력과 열을 감지하는 장치로 일정한 온도를 유지할 수 있도록 돕는다. 압력을 수동으로 조절하는 머신은 스팀·온수 보일러의 압력 스위치에 달려 있는 압력조절나사를 시계방향으로 돌리면 압력이 낮아지고, 반시계 방향으로 돌리면 압력이 높아진다.

기존에는 작동 중인 머신의 압력 게이지를 보며 수치를 확인했지만 이러한 방법은 스프링의 장력을 이용하는 압력조절나사의 특성상 다소 정확성이 떨어진다는 단점이 있었다. 그래서 최근 출시된 머신들은 디지털 디스플레이나 간편한 버튼 조작을 통해 사용자가 쉽게 압력을 조절하는 방식으로 개선되고 있다.

▲ 열 센서는 보일러의 열을 감지하여 온도를 제어한다.

▲ 압력 센서는 보일러의 압력을 감지하여 보일러 히팅을 제어한다.

과열방지기
Thermo Limiter

커피머신을 안전하게 사용할 수 있도록 과열 시 히터의 전원을 자동으로 차단하는 장치. 과열차단기라고도 하며 머신 외벽에 부착하거나 보일러의 히팅코일에 삽입한다. 과열방지기는 보일러의 압력 센서와 열 센서가 고장 나 물이 계속 가열됐을 때, 혹은 보일러 내부에 물이 충분히 채워지지 않은 상태에서 히팅코일이 가열됐을 때 작동한다.

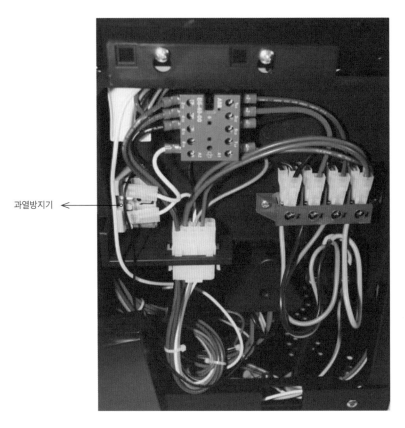

과열방지기

▲ 보일러의 히팅 스위치를 켜면 전원선으로 전기가 들어오는데, 과열방지기가 작동될 경우 흰색 케이블이 단선되어 전원 공급이 중단되고 보일러 히팅도 중지된다.

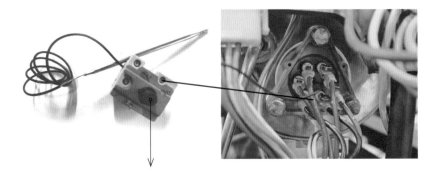

▲ 히팅코일에 삽입된 형태의 과열방지기.
위로 튀어나온 단추를 눌러 원상 복구한다.

▼ 보일러 부착형 과열방지기

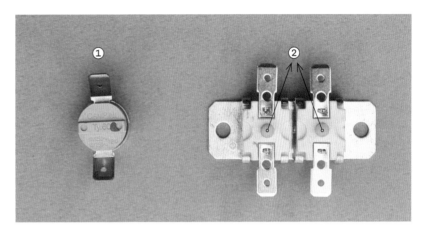

① 자동 복구형 : 스팀·온수 보일러는
130~140℃, 커피 보일러는 110℃에서
과열방지기가 작동되며 온도가 떨어지면
다시 원상 복구된다.

② 수동 복구형 : 위로 튀어나온 단추를 눌러
원상 복구한다.

**고장 증상과
해결방안**

과열방지기가 작동되면 전원이 차단되기 때문에 원인을 찾아 해결한 다음 수동으로 원상
복구해야 한다. 만약 문제를 해결했는데도 복구가 안 된다면 과열방지기를 교체하는 수밖에
없다.

[TIP 과열방지기 교체 순서]

a. 보일러의 적정 수위를 확인한다. 수위가 적정 수치보다 낮다면 수위 센서나 보충수 공급 밸브
의 상태를 점검한다.
b. '탁' 소리가 나게 과열방지기 복구 단추를 누른다.
c. 히터를 다시 가동시킨다.

1way 밸브
1way Valve

보일러 압력이 설정 값에 도달했을 때 추출수가 역류하지 못하도록 막아주는 부품이다. 단일형 보일러는 물이 펌프와 1way 밸브, 플로우 미터를 거쳐 밖에서 열교환기로 유입되는데, 이때 1way 밸브의 오링이 경화되거나 마모되면 보일러에서 가열된 추출수가 펌프와 수압 게이지, 정수필터로 역류하고 이로 인해 여러 가지 문제가 발생한다.(펌프가 고장나거나 정수필터의 호스가 경화되어 물에서 냄새가 나기도 한다) 머신을 사용하지 않는데도 압력이 높게 나타나면 추출수가 역류하여 열팽창이 일어난 것이다.

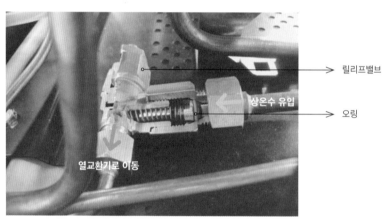

▲ 1way 밸브
추출수가 역류하면 1way 밸브를 분해하고 오링을 교체한다.

**고장 증상과
해결방안**

1way 밸브에 스케일이 쌓이거나 오링이 경화되어 누수가 발생할 경우 대기 중인 머신의 수압 게이지 바늘은 10~12bar를 가리킨다. 이럴 때는 1way 밸브를 분해해 스케일을 제거하고 단단하게 굳은 오링을 새것으로 교체한다.

▶ 경화된 1way 밸브 오링

오링

플로우 미터
Flow Meter

커피머신의 추출량을 제어하는 장치로 유량계라고도 한다. 플로우 미터는 머신에 그룹별로 하나씩 장착돼 있으며, 커피 추출 시 추출수가 플로우 미터로 들어가 임펠러*impeller*———를 회전시키면 두 개의 자석이 플로우 미터를 감싸고 있는 픽업코일에 신호를 보내 물량을 조절한다.
픽업코일의 케이블 연결단자는 분해조립 시 전극이 바뀌지 않게 한다.

——— **임펠러** *impeller*

증기나 물의 에너지를 받아 회전하는 바퀴로 날개가 달려 있다.

▲ 플로우 미터의 종류

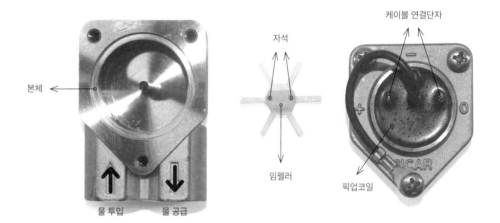

▲ 플로우 미터 상세 이미지

▲ 구멍 크기 비교

플로우 미터의 추출수 구멍 크기는 드립 머신이 약 2mm, 반자동 머신과 자동 머신이 약 1.2mm다. 드립 머신은 펌프가 따로 없고 자연 수압을 이용하기 때문에 플로우 미터의 추출수 구멍이 더 크다.

[TIP 플로우 미터 작동 순서]

a. 플로우 미터로 들어간 추출수가 임펠러를 회전시킨다.

▶ 플로우 미터 작동 순서

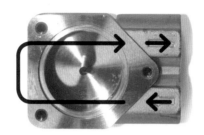

b. 임펠러의 자석이 픽업코일에 신호를 보낸다.
c. 픽업코일은 임펠러의 축이 회전할 때마다 회전수를 체크한다.
d. 이 데이터를 토대로 메인보드가 회전수를 계산하고 추출량을 제어한다.
e. 머신마다 추출량을 다르게 설정할 수 있는 것은 회전축의 회전수를 각각 다르게 설정할 수 있기 때문이다.

고장 증상과 해결방안

커피 추출 시 추출량이 불규칙하거나 추출속도가 느리다면 플로우 미터 고장일 확률이 높으므로 플로우 미터를 분해해 추출수 구멍의 스케일과 이물질을 깨끗이 청소하는 것이 좋다. 만약 플로우 미터 문제가 아니라면 3way 밸브에 누수가 없는지 꼼꼼히 살펴보고, 분쇄원두와 물이 알맞게 세팅되었는지도 다시 한 번 확인해야 한다. 분쇄원두의 양이 설정 값보다 적으면 흡수하는 물의 양이 줄어들어 추출량 자체는 결과적으로 더 늘어나기 때문이다.(분쇄원두 1g당 흡수하는 물의 양은 1ml다)

▶ 플로우 미터 고장 사례

고장 증상	원인	해결방안
추출버튼을 눌러도 추출수가 나오지 않는다.	스케일과 이물질로 인해 플로우 미터의 구멍이 막혔을 때	플로우 미터를 분해 청소한다.
추출량이 설정 값과 다르다.	플로우 미터의 스케일과 이물질로 인해 임펠러의 회전속도가 일정하지 않거나 회전수가 정확히 계산되지 않을 때	플로우 미터 청소 후에도 문제가 해결되지 않으면 픽업코일이나 플로우 미터를 교체한다.

릴리프 밸브
Relief Valve

추출압력이 13bar보다 높을 때 작동하는 안전밸브로, 과수압 배출밸브 또는 과수압 방지밸브라고도 한다. 릴리프 밸브는 용도에 따라 커피 보일러에 장착하는 추출수용과 스팀·온수 보일러에 장착하는 스팀용으로 구분할 수 있다.

1   추출수용

2   스팀·온수용

1. 추출수용(커피 보일러)

기본적으로 에스프레소 추출에 필요한 압력은 8~10bar지만 간혹 펌프에 이상이 생겨 12bar 이상으로 높아지는 경우가 있다. 그래서 다른 부품을 안전하게 보호하기 위해 릴리프 밸브를 설치하며, 스프링의 장력이 기준치를 넘으면 밸브를 열어 일정량의 물을 밖으로 배출하고 압력이 낮아지면 다시 밸브를 닫는다.

▶ 추출수용 릴리프 밸브

열교환기로 이동 / 물 배출 / 릴리프 밸브 / 물 공급

1way 밸브와 릴리프 밸브가 통합된 형태

릴리프 밸브의 가스켓이 마모되면 압력이 높지 않아도 누수가 발생할 수 있다.

고장 증상과 해결방안

릴리프 밸브 내부에 스케일이 쌓이거나 가스켓이 경화되면 밸브를 지탱하는 스프링의 힘이 줄어들어 누수가 발생하고 추출에도 지장을 준다. 릴리프 밸브의 오작동이 추출압력의 저하로 이어져 추출속도를 지연시키고 쓴맛을 과하게 추출하는 것이다. 이럴 때는 커피머신의 물 공급을 중단하고 릴리프 밸브를 분해해 고무패킹과 스프링 상태를 점검한 뒤 부품을 교체해야 한다.

2. 스팀 · 온수용
(스팀 · 온수 보일러)

압력 스위치의 불량으로 인해 스팀·온수 보일러가 계속 가열될 경우 자칫하면 보일러 압력이 과도하게 상승하여 폭발할 위험이 있다. 이러한 사고를 방지하기 위한 안전장치로 릴리프 밸브를 설치하고 압력이 적정 수치를 넘으면 릴리프 밸브를 작동시켜 보일러의 수증기를 큰 소리와 함께 밖으로 배출시킨다. 릴리프 밸브가 작동한 후에는 커피머신의 전원을 끄고 압력 스위치와 메인보드를 체크한 다음 머신을 다시 가동시키면 된다. 만약 머신을 재가동했을 때 보일러 압력이 정상인데도 누수가 일어난다면 릴리프 밸브를 교체해야 한다.

릴리프 밸브의 작동 기준은 머신마다 다른데, 반자동 머신 중 단일형 보일러는 1.7~1.9bar, 분리형 보일러나 독립형 보일러는 1.9bar를 기준으로 작동하며, 자동 머신은 1.3~3bar를 기준으로 작동한다.

▼ 스팀용 릴리프 밸브

릴리프 밸브의 표면에 적힌 수치를 보면 기준 압력을 알 수 있다.

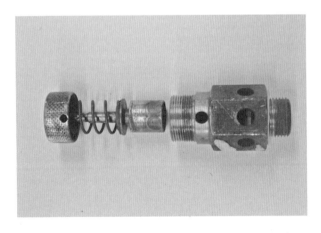

릴리프 밸브는 안전상의 이유로 한번 분해하면 재사용할 수 없게끔 뚜껑 부분에 땜질이 되어 있다.

스프링이 불량이거나 고무패킹이 마모되면 누수가 발생한다.

**고장 증상과
해결방안**

① 릴리프 밸브에서 스팀이 새어나올 때

밸브에 스케일이 쌓이거나 구멍을 막고 있는 가스켓이 마모되어 나타나는 현상이므로 릴리프
밸브를 교체해야 한다.

[TIP 릴리프 밸브 교체방법]

a. 커피머신의 전원을 끈다.
b. 스팀밸브를 열어 보일러 내부의 스팀을 모두 빼낸다.
c. 스패너를 이용해 릴리브 밸브를 반시계방향으로 돌려 분해한다.
d. 새 부품을 조립한다.
e. 스팀밸브를 잠근 후 커피머신의 전원을 켠다.

---

② 보일러 압력에 문제가 생겼을 때

a. 압력 스위치의 연결 파이프 체크 → 스케일로 인해 압력 스위치의 연결 파이프가 막혀버리면
   압력이 제대로 전달되지 않아 보일러가 이를 감지하지 못하고 오버 히팅*over-heating*될 수
   있다.

b. 압력 스위치 체크 → 압력이 설정 값에 도달하면 메인보드에 신호를 보내 가열을 중지해야
   하는데, 압력 스위치에 오류가 발생할 경우 보일러가 계속 가열되어 오버 히팅될 수 있다.

c. 메인보드 체크 → 메인보드의 히터 릴레이(히팅 코일을 제어하는 스위치, 전자 릴레이 또는 보일러
   컨텍터라고 한다)가 불량이면 히팅코일에 전기가 계속 공급되어 보일러가 오버 히팅될 수
   있다.

솔레노이드 밸브
Solenoid Valve

1   2way 밸브

2   3way 밸브

전자밸브에 해당하는 부품으로 전기가 통하면 플런저가 열리고 차단되면 닫히는 방식으로 작동한다. 속이 빈 연철 소재의 원기둥에 코일을 감아 전류를 흘려보내면 자기력과 비슷한 성격을 띤 전자기력이 생성되어 전기로 제어할 수 있게 되는데, 이러한 원리에 착안해 개발된 것이 바로 솔레노이드 밸브다. 솔레노이드 밸브는 진행 방향이 몇 개인지에 따라 2way 밸브와 3way 밸브로 나뉜다.

1. 2way 밸브

커피머신의 솔레노이드 밸브 중 하나인 2way 밸브는 보일러의 보충수 공급과 온수 배출을 제어한다. 온수 밸브는 보일러의 뜨거운 물을 차단하고 있다가 전기가 들어오면 밖으로 내보내고, 보충수 공급 밸브는 상온수를 차단하고 있다가 전기가 들어오면 보일러로 유입시킨다.

밸브는 닫혀있다가 플런저가 뒤로 가면 열린다.

▲ 2way 밸브

솔레노이드 밸브의 코일 불량으로 인해 상온수가 보일러로 유입되지 않을 때는 밸브에 공급되는 전기가 AC 220V(고압 교류)인지 DC 24V(저압 직류)인지 확인한 후 코일을 교체해야 한다. AC 220V 머신에 DC 24V 코일을 사용하면 타버릴 위험이 있기 때문이다.

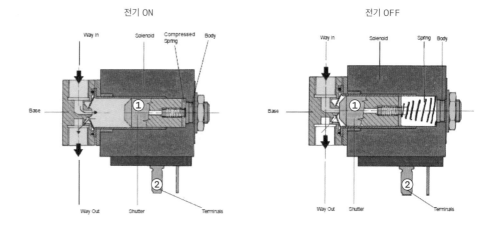

전기 ON	전기 OFF

▲ 밸브가 열렸을 때의 모습과 닫혔을 때의 모습

전원이 들어오지 않은 상태에서는 플런저(①)가 닫혀 있어 물이 흐르지 않지만 터미널(②)에 전기를 공급하면 플런저(①)가 열리면서 물이 흐르기 시작한다.

상온수 유입

필터링

① 수위 센서를 통해 보일러 내 수위를 확인한다.
② 수위가 낮다면 2way 밸브에 전원을 공급한다.
③ 펌프를 작동시켜 수위 센서까지 물을 채운다.
④ 수위 센서가 물을 감지하면 2way 밸브의 전원을 차단하고 물 공급을 중단한다.

주의사항

AC 220V를 사용하는 머신에 DC 24V용 2way 밸브를 설치하면 처음에는 제대로 작동되는 듯하지만 몇 번 추출하다 보면 솔레노이드 코일이 타버리고, 계속 방치할 경우 전원이 차단되거나 코일에 불이 날 수 있다. 반대로 DC 24V를 사용하는 머신에 AC 220V용 2way 밸브를 설치하면 전자기력이 너무 약해서 제대로 작동하지 않으며, 반대의 경우에는 밸브가 아예 열리지 않는다.

2. 3way 밸브

커피머신의 그룹헤드에 설치된 솔레노이드 밸브로, 커피찌꺼기가 버려질 때 작동한다. 2way 밸브와 모양과 구조는 비슷하지만 3way 밸브는 물이 들어오고 나가는 길에 커피 추출 후 남은 잔여물이 그룹헤드를 통해 빠져나가는 길이 하나 더 있다.

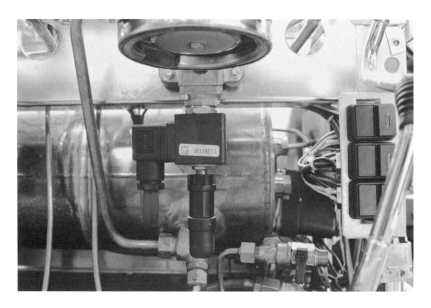

▲ 3way 밸브가 머신에 설치된 모습

▲ 3way 밸브 내부 구조

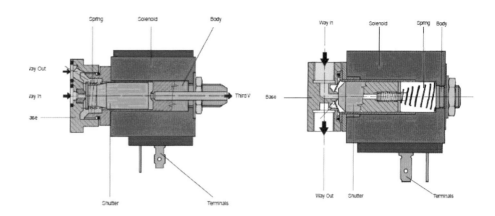

▲ 3way 밸브와 2way 밸브 비교

주의사항

커피 추출이 끝나고 3way 밸브가 닫히면 그룹헤드에 남아있는 추출수가 9bar의 압력으로 배출되면서 사방으로 커피찌꺼기가 튈 수 있는데, 이를 부드럽게 해주는 부품이 제트 브레이커*jet breaker*다. 제트 브레이커는 3way 밸브에 달려 있지만 가끔 떨어지는 경우가 있기 때문에 머신 내부에 물 자국이 남아 있다면 제트 브레이커가 제대로 부착되어 있는지 확인할 필요가 있다.

▶ 제트 브레이커 장착 방법

믹싱밸브
Mixing Valve

믹싱밸브는 보일러의 끓는 물에 상온수를 섞어 추출수와 온수의 온도를 80~92℃로(사용자의 요구에 따라 추출수는 88~95℃, 온수는 75~98℃까지 조절 가능) 맞춰주는 부품이다. 커피 추출 시 추출수의 온도가 지나치게 높으면 커피의 탄맛이나 떫은맛이 도드라지고, 보일러 안에 스케일이 쉽게 쌓여 물맛이 변할 수 있다.(스케일의 주요 성분인 탄산칼슘($CaCO_3$)은 온도가 높을수록 흡착력이 높기 때문에 내부온도가 120℃ 이상인 보일러는 스케일이 발생할 확률이 매우 높다) 또 커피가 너무 뜨거우면 손님이 화상을 입을 위험이 있기 때문에 최근에는 믹싱밸브를 장착해 추출수와 온수의 온도를 알맞게 조절하거나 온수기를 별도로 설치하는 추세다.

끓는 물 유입

상온수 유입

믹싱온수 배출

▲ 믹싱밸브가 장착된 모습

고장 증상 및 해결방안

믹싱밸브는 스케일이 쌓이면 제대로 작동하지 않거나 누수가 발생할 수 있으며, 물의 경도가 높을수록 스케일이 많이 발생한다. 믹싱밸브가 오작동할 경우 분해 청소를 해야 한다.

▲ 믹싱밸브 모습

배큠 밸브
Vacuum Valve

대기 중인 머신의 보일러는 물 이외의 빈 공간에 스팀 대신 공기가 채워져 있는데, 이 상태로 보일러를 가열하면 스팀이 발생하기도 전에 공기가 팽창하여 스팀밸브를 열었을 때 스팀 대신 공기가 빠져나오고 압력게이지의 수치가 1에서 0으로 떨어져 보일러가 다시 가열되는 문제가 생긴다. 그래서 배큠 밸브를 설치해 보일러 내부에 공기가 아닌 스팀이 발생할 수 있는 환경을 만들어주는 것이다.

▼ 배큠 밸브 작동 원리

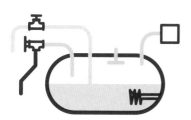
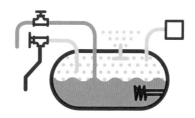
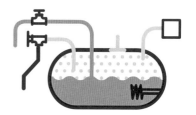

① 보일러를 가열하기 전에는 배큠 밸브의 축이 내려가 있다.
② 보일러를 가열하면 내부의 공기가 배큠 밸브를 통해 밖으로 빠져나간다.
③ 보일러 안에 스팀이 발생하면 스팀의 압력에 의해 배큠 밸브가 저절로 닫힌다.

고장 증상 및 해결방안

배큠 밸브에 스케일이 쌓이거나 오링이 굳어질 경우 보일러 윗부분에서 '칙칙' 하고 스팀이 빠져나가는 소리가 들린다. 이때는 오링을 교체하거나 배큠 밸브를 새것으로 바꿔야 한다. 오링 교체 시에는 오링이 닿는 부분을 깨끗이 세척한 상태로 조립하고, 오링을 교체한 후에도 배큠 밸브에서 계속 누수가 발생한다면 전체를 바꿔야 한다.

◀ 배큠 밸브 분해 상태

오링이 닿는 부분

그룹헤드
Group Head

분쇄원두가 담긴 포터필터를 장착하는 부분으로, 추출수가 이곳을 통과하며 커피를 추출한다. 분쇄원두와 추출수가 접촉하는 방식은 그룹헤드의 형태와 구조에 따라 다르기 때문에 커피 맛도 조금씩 차이가 난다. 그만큼 그룹헤드는 머신의 개성이 가장 잘 드러나는 핵심 부품이며, 최근 추세는 그룹헤드에 인퓨전 공간을 따로 마련하는 것이다.

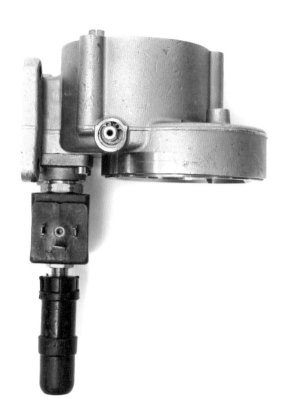

▲ 다양한 각도에서 바라본 그룹헤드의 모습

그룹 가스켓 *group gasket*
그룹 가스켓이라 불리는 그룹헤드
가스켓은 커피 추출 시 그룹헤드와
포터필터의 누수를 방지한다.

그룹 스페이스 *group space*
샤워스크린이 장착되어 있는 부분으로
디퓨저라고도 한다. 그룹헤드와
일체형이거나 분리형이다.

제트 브레이커 *jet breaker*
그룹헤드에서 배출되는 추출수를
샤워스크린에 골고루 분사시킨다.

샤워스크린 *shower screen*
분쇄원두를 고르게 적실 수 있도록 물을
뿌려주는 부속이다.

▲ 그룹헤드 소모품

주의사항

그룹헤드의 가스켓과 샤워스크린은 3~4개월에 한 번씩 교체하는 것이 일반적이며, 누수가
생겼을 때도 교체해야 한다.

스팀노즐
Steam Nozzle

스팀노즐은 보일러 내부의 스팀을 밖으로 내보내 우유를 따뜻하게 데우고 부드러운 우유거품을 만들어주며, 주로 우유에 스팀을 가하는 작업인 스티밍을 할 때 사용한다. 스팀노즐의 구멍 크기는 머신의 기종마다 조금씩 다른데, 우유양이 같다면 구멍이 클수록 스티밍을 더 빠른 시간 안에 마칠 수 있다.

▲ 머신마다 다른 스팀노즐의 모습

▲ 스팀밸브의 종류
　다이얼(왼쪽)과 레버(오른쪽)

스팀노즐의 핸들 부분인 스팀밸브를 조작하는 방식에는 다이얼 방식과 레버 방식이 있으며, 미리 설정해둔 대로 우유의 온도와 거품의 정도를 조절하는 자동 스티밍 기능을 갖춘 머신도 있다.

다이얼 방식	레버 방식
가장 오랫동안 사용되어 온 방식으로 초보자들도 쉽게 스팀 세기를 조절할 수 있다.	스팀밸브가 한쪽은 스티밍을 제어하고, 다른 한쪽은 스팀 세기를 조절할 수 있게 되어 있어 일단 스팀밸브를 열면 두 손이 자유로운 상태로 스티밍할 수 있고, 스팀양도 수동으로 조절 가능하다.

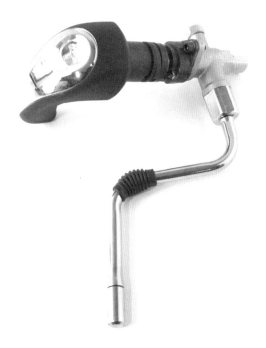

▲ 스팀뭉치

▲ 스티밍 시 우유가 역류하는 것을 방지하는 배큠 밸브

▲ 역류방지 기능이 없는 스팀밸브

주의사항

스티밍 후 뜨거워진 스팀노즐을 물이 담긴 투명한 계량컵에 넣어보면 수위가 조금씩 낮아지는 것을 알 수 있다. 이는 스티밍 시 우유와 물이 스팀노즐로 역류하면서 일어나는 현상인데, 자주 반복될 경우 스팀노즐 안쪽에 우유가 흡착되어 밸브를 잠가도 스팀이 샐 수 있으므로 스팀노즐을 미지근한 물에 담가 응고되어 있는 우유를 녹여줘야 한다.

7.

커피머신

유지보수

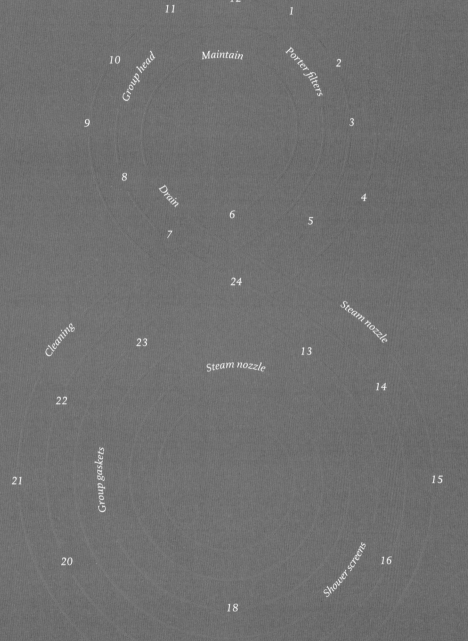

11 12 1

10 Group head Maintain Porter filters 2

9 3

8 4

Drain 6 5

7

24

Steam nozzle

Cleaning 23 13

Steam nozzle 14

22

Group gaskets

21 15

20 Shower screens 16

18

Repair 17

19

커피머신
관리방법

커피머신을 고장 없이 오랫동안 사용하는 가장 좋은 방법은 매일 청소하는 습관을 기르는 것이다. 머신 청소를 하루 일과로 정해 꾸준히 실천하면 여러 가지 고장을 예방할 수 있고, 커피도 일관된 맛을 낼 수 있다. 사소한 일처럼 보이지만 커피머신이 매우 복잡한 기계라는 점을 감안했을 때 청결관리는 결코 무시할 수 없는 중요한 부분이다.

1   기본 준비물

2   그룹헤드 청소

3   포터필터 청소

4   배수 파이프 청소

5   스팀노즐 청소

1. 기본 준비물

[TIP 청소약품의 종류]

a. 파우더 타입

· 가루 형태라 물에 잘 녹는다.

· 주로 반자동 머신 청소에 사용한다.

· 용량 대비 가격이 저렴하다.

· 계량스푼을 이용해 정량만 담아야 한다.

b. 타블렛 타입

· 알약 형태라 하나씩 꺼내 쓰기 편리 하다.

· 용량 대비 가격이 비싸다.

· 주로 자동 머신 청소에 사용한다.

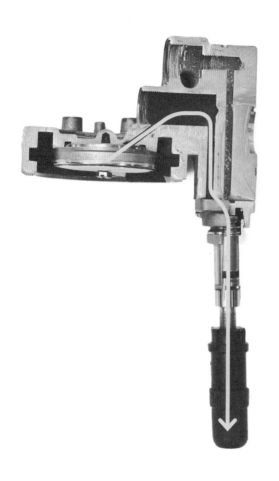

2. 그룹헤드 청소

그룹헤드는 분쇄원두와 머신이 직접 맞닿는 부분이기 때문에 매일 청소하며 청결 상태를 유지해야 커피 맛이 변하지 않는다. 그룹헤드는 커피가 추출되는 곳일 뿐만 아니라 커피 추출이 끝난 후 커피찌꺼기가 버려지는 곳이기도 하다. 때문에 주기적으로 청소하지 않으면 그룹헤드 안쪽에 커피찌꺼기가 달라붙어 커피 맛에 부정적인 영향을 준다.

그룹헤드를 청소하는 방법에는 블라인드 필터를 사용하는 방법과 청소용 가스켓을 사용하는 방법이 있다. 다만 필터 바스켓이 1샷용일 때 청소용 가스켓을 사용하면 약품을 담을 수 있는 공간이 적으므로 블라인드 필터를 사용하는 편이 낫다.

커피 추출이 끝나면 커피를 추출하고 남은 잔여물이 3way 밸브를 통해 밖으로 배출된다.

◀ 그룹헤드 내부 구조(커피찌꺼기가 흘러나가는 경로)

청소방법

그룹헤드는 각 파트별로 하루 한 번 이상 꼼꼼히 닦아줘야 한다. 그룹헤드에서 청소할 부분은 크게 샤워스크린과 그룹헤드 내부, 3way 밸브 플런저로 나뉘며, 약품 청소를 할 때 자동으로 청소된다.

▲ 샤워스크린을 분해한 모습

▲ 샤워스크린 청소 불량

▲ 그룹헤드 내부

▲ 3way 밸브 플런저

— 수동청소

① 블라인드 필터와 청소용 가스켓 중 하나를 준비한다.

▲ 블라인드 필터　　　　　　　　　▲ 청소용 가스켓

② 포터필터에 블라인드 필터나 청소용 가스켓을 끼운다.

▲ 블라인드 필터를 사용할 때는 먼저 포터필터에서　　▲ 청소용 가스켓을 사용할 때는 필터 바스켓의
　필터 바스켓을 분리해야 한다.　　　　　　　　　　바닥부터 깨끗이 닦아야 한다.

③ 포터필터에 약품을 담는다.

④ 그룹헤드에 포터필터를 장착한 후 연속
　추출버튼을 눌러 10~15초 동안 펌프를
　작동시키면 포터필터의 약품이 물에 녹기
　시작한다.

⑤ 다시 연속 추출버튼을 눌러 펌프의 가동을
중지시킨다. 이 과정에서 물에 녹은
청소약품은 샤워스크린과 그룹헤드 내부,
3way 밸브 플런저로 흘러 들어갔다가
배수 트레이로 배출되고 일부는 3way
밸브를 통해 배수 파이프로 빠져나간다.

⑥ 20~30초 후에 ④~⑤를 5회 정도 반복한다.

⑦ 그룹헤드에서 포터필터를 분리한 후 청소용 가스켓을 빼내거나 블라인드 필터를 필터 바스켓으로 바꿔 끼운다.
그런 다음 연속 추출버튼을 눌러 30초 동안 추출수를 2회 정도 반복해서 추출하면 포터필터가 깨끗하게 헹궈진다.
만약 포터필터를 린싱한 후에도 세정제가 남아있을까 걱정된다면 필터 바스켓 대신 블라인드 필터를 끼우고
3~5초간 추출수를 흘렸다가 멈추는 동작을 3회 정도 반복한다.

⑧ 포터필터 청소가 끝나면 청소 솔을 이용해
그룹 가스켓을 골고루 문지르고 린넨으로
샤워 스크린과 그룹헤드 주변을 닦는다.

⑨ 매일매일 약품 청소를 한다고 해도 기종에 따라 그룹헤드와 샤워스크린의 바깥 둘레 부분이 잘 닦이지 않는 머신도 있다.
분해 청소를 자주 해주는 것이 가장 좋은 방법이긴 하지만 상황이 여의치 않다면 일주일에 한번이라도 해줘야 한다.

— 자동청소

기종에 따라 자동청소 기능이 탑재된 머신도 있다. 이러한 머신은 블라인드 필터(또는 청소용 가스켓)를 끼운 포터필터에 약품을 담아 그룹헤드에 장착한 뒤 자동청소 모드를 실행하면 된다. 물론 머신마다 구체적인 방법과 소요시간은 다르지만 자동청소의 진행과정은 크게 약품을 이용하는 세정 단계와 추출수를 이용하는 헹굼 단계로 이루어진다.

① 0~10초

펌프 가동. 추출수가 배출되어 약품이 녹기 시작한다.

◀ 포터필터에 블라인드 필터(또는 청소용 가스켓)를 끼우고 약품을 넣은 후 그룹헤드에 장착하고 자동청소 모드를 실행한다.

② 10~20초

펌프 가동 중지. 물에 녹은 약품이 그룹헤드 안으로 흘러 들어가 곳곳에 쌓인 커피찌꺼기를 제거한다. 이 과정에서 3way 밸브도 세척되며 약품과 커피찌꺼기 일부가 3way 밸브를 통해 배수 파이프로 빠져나간다.

◀ 약품 세척이 끝나면 블라인드 필터(또는 청소용 가스켓)를 빼낸 후 포터필터를 그룹헤드에 다시 장착하고 린싱 버튼을 눌러 헹군다.

자동청소 기능은 이 두 가지 과정을 반복하며 머신을 청소하고, 약품 세척과 린싱 작업이 끝날 때마다 커피머신의 디지털 디스플레이나 LED 표시등을 통해 현재 상태를 확인할 수 있다.

3. 포터필터 청소

분쇄원두가 담기는 부분인 포터필터는
관리 방법에 따라 커피 맛을
변질시키기도 한다. 때문에 포터필터는
다른 부품보다 더 신경 써서 관리해야
하며, 특히 필터 바스켓의 아래쪽은
눈에 잘 띄지 않아 청결상태를 육안으로
확인하기가 어려우므로 꼼꼼히
살펴봐야 한다.

▲ 포터필터 청소 전후 비교

청소방법

① 넉박스(다른 용기를 사용해도 괜찮다)에
약품을 10~20g가량(커피찌꺼기의
흡착상태에 따라 조절) 넣는다.

② 뜨거운 물을 1L가량(포터필터의 헤드
부분이 충분히 잠길 정도로) 넣고 약품을
녹이면 하얀색 거품이 생긴다.

③ 포터필터의 와이어와 필터 바스켓을
분리하고 30분 정도 담가둔다.

④ 수세미로 닦는다.

⑤ 청소 솔을 이용해 스파웃을 골고루
문지른다.

⑥ 깨끗한 물로 헹군다.

[TIP]   포터필터는 대부분 동 재질에 니켈 도금을 하기 때문에 철수세미 같이 자극이 심한
청소도구를 쓰면 때는 쉽게 벗겨지겠지만 스크래치가 생겨 사이사이에 커피찌꺼기가
낄 수도 있다.

▲ 정상적인 포터필터와 도금이 벗겨진 포터필터

---

4. 배수 파이프 청소

자동 머신은 미리 설정해둔 대로 커피를 추출하고 커피 퍽도 머신에 내장된 찌꺼기통에 자동적으로 버려지기 때문에 배수 트레이로 배출되는 커피찌꺼기의 양이 적은 반면 반자동 머신은 커피 추출 후 포터필터를 청소하는 과정에서 다량의 커피찌꺼기가 배수 트레이를 거쳐 배수 파이프로 흘러 나간다. 물론 대부분의 커피찌꺼기가 배수 파이프를 통해 밖으로 배출되지만 일부는 배수관 곳곳에 쌓여 심할 경우 배수가 원활하지 못해 물이 넘치게 된다. 이러한 상황을 미연에 방지하기 위해서는 틈틈이 배수관 청소를 해주는 것이 좋다.

청소방법

① 머신에서 배수 트레이를 분리한 후 물을 부어 커피찌꺼기를 흘려보낸다.

② 배수통에 쌓인 커피찌꺼기를 휴지나 걸레로 닦아낸다.

③ 약품을 푼 뜨거운 물을 배수 파이프 속에 붓는다.

④ 배수 파이프 청소가 끝난 후의 모습

[TIP] 우유를 배수 트레이에 버리면 이물질과 결합하여 배수 파이프가 막힐 수 있으니 주의하자.

4. 스팀노즐 청소

스팀노즐은 우유와 직접 접촉하는 부분이기 때문에 우유가 묻어 있는 채로 말라버리거나 안쪽에 우유가 고이는 일이 빈번하게 일어난다. 이 경우 우유 비린내가 커피 맛을 떨어뜨릴 수 있으므로 스팀노즐을 사용한 후에는 젖은 행주로 바로 닦아주고 노즐 속까지 꼼꼼하게 청소해줘야 한다.

▲ 스팀노즐에 묻어있는 우유

청소방법

① 스팀밸브를 살짝 열어 스팀노즐의 온도를 높인다.

② 뜨거운 물에 담근다.

③ 배수 트레이를 향해 스팀을 분사시킨다.

④ 린넨으로 물기를 닦은 후 스팀밸브와 노즐을 분리한다.

⑤ 청소 솔을 이용해 스팀노즐 안쪽을 골고루 문지르며 이물질을 제거한다.

⑥ 스팀노즐을 다시 조립한다.

[TIP]　스티밍이 끝난 후 우유가 스팀노즐로 역류하는지 알고 싶다면 스팀밸브를 살짝 연 상태로 물에 담가 양이 줄어드는지 확인하면 된다. 만약 양이 줄어들었다면 우유가 역류하는 것이므로 스팀노즐을 바로 청소해줘야 한다.

커피머신
부품교체

커피머신의 몇몇 부품은 적절한 주기에 맞춰 직접 교체해주는 것이 좋다. 생각보다 방법이 간단하고 필요한 준비물도 많지 않아서 한번 시도해볼 만하다.

1   그룹 가스켓&샤워스크린

2   스팀노즐

1. 그룹 가스켓&샤워스크린

그룹 가스켓은 그룹헤드와 포터필터 사이에 추출수가 새지 않도록 잡아주는 고무 패킹이다. 그룹 가스켓의 종류는 샤워스크린의 유무에 따라 일체형과 분리형으로 나뉘며, 이 두 가지는 형태만 다를 뿐 교체방법과 필요한 준비물은 동일하다. 그룹 가스켓을 교체할 때는 우선 교체하려고 하는 그룹 가스켓의 규격이 자신이 사용하는 머신에 맞는지 확인하고 반드시 전원을 꼭 꺼야 한다. 작업 중에 잘못해서 추출수 버튼을 누르면 화상의 위험이 있기 때문이다.

▲ 그룹 가스켓&샤워스크린 일체형   ▲ 그룹 가스켓&샤워스크린 분리형

[TIP 그룹 가스켓&샤워스크린 분해방법]

일체형

티스푼으로 지렛대의 원리를 이용해 분리한다. 샤워스크린을 청소하고 싶다면 그룹 가스켓도 같이 분해해야 한다.

분리형

드라이버나 스패너로 샤워스그린을 고정시키는 볼트를 풀어 분리한다. 분리형은 샤워스크린만 분해 청소할 수 있다.

교체방법

① 커피머신의 전원을 끈다.

② 샤워스크린을 분해한다.

③ 송곳으로 그룹 가스켓의 중앙을 찔러 그룹헤드에서 분리한다.

④ 그룹 가스켓을 분해하고 청소 솔을 이용해 깨끗이 닦는다.

⑤ 새 그룹 가스켓을 그룹헤드에 끼우기 전에 물을 살짝 묻힌다.

⑥ 필터 바스켓이 없는 상태로 포터필터를 그룹헤드에 장착하고 양옆으로 돌려가며 자리를 잡아준다.

⑦ 샤워스크린과 그룹 스페이스 등을 청소하고 다시 조립한다.

⑧ 마른 천으로 닦은 후 교체 작업이 잘 끝났는지 추출 테스트를 해본다.

[TIP]

· 그룹 가스켓은 오래되면 딱딱하게 굳어져 분해할 때 부서질 수 있다.

· 송곳으로 그룹 가스켓을 분리할 때는 그룹헤드의 다른 부분에 흠집이 나지 않도록 주의해야 한다.

· 그룹헤드를 청소하지 않은 채로 새 그룹 가스켓을 끼우면 이물질로 인해 수평이 맞지 않아 누수가 발생할 수 있다.

· 그룹 가스켓을 교체한 후 그룹헤드에 포터필터를 장착했을 때 포터필터가 많이 돌아가 있다면 그룹헤드와 그룹 가스켓 사이에 인서트 가스켓(그룹 가스켓의 두께를 보정해주는 부품)을 넣고 다시 조립해야 한다. 포터필터가 오른쪽으로 많이 돌아가면 필터 바스켓에 담긴 분쇄원두와 샤워스크린의 간격이 좁아져 커피 추출 시 저항이 커지고 추출속도도 느려지기 때문이다. 하지만 원두의 신선도가 떨어지거나 분쇄원두의 양이 필터 바스켓보다 적은 상태로 추출한다면 큰 무리는 없을 것이다.

◀ 부서진 가스켓

▲ 손잡이 위치가 중앙일 때와 한쪽으로 쏠렸을 때

▲ 인서트 삽입

[TIP 반자동 머신 제조사별 그룹 가스켓과 샤워스크린 사이즈]

(단위 Ømm)

제조사	모델	그룹 가스켓 사이즈 (외경*내경*높이)	샤워스크린 타입	샤워스크린 사이즈
BEZZERA	GALATEA	73*57*8	일체형	60
	B2000/B2006	66*56.5*5.3	분리형	51.5
	B2000M, N/2009	72*55.5*9.3		57.5
BFC	LINA/CLASSEICA/MONZA	73*59*8	일체형	60
BRASILIA	GRADISCA	72.5*57*8	일체형	60
	ROMA	70*57*8	분리형	51
CARIMALI	ETABETA/ETABETAV2	69*57*7.5	분리형	51.5
CONTI	TWIN STAR 2	73*57*8	일체형	59
DALLA CORTE	전 기종	68*53.5*7	분리형	47.5
FAEMA	E61	74*57.5*8/73*57*8	일체형	60
	E61 LEGEND	73*57*8.5		
	E61 JUBILE	73*57*9		
MAGISTER	SERISE ES/SERISE MS	74*57.5*8.2		56~57
LA MARZOCCO	GS3	72*55*6.1/8	분리형	55.4
		72*55*6/8		
	GB5/FB80	72*55*6		55.5
		72*55*7		
	LINEA/FB70	72*55*7.1/9		57
NOUVA SIMONELLI	AURELIA 1,2	71*56*9	분리형	56.5
		71*56*8.2		
	APPIA	72*58*7		
		72*57*7		
PAVONI	P90	67*56*6	일체형	60
RANCILIO	EPOCA/CLASSE 6,7,9,10	72*57*8	분리형	57.5

2. 스팀노즐

스팀노즐을 청소하기 위해 부품을 자주 분해하다 보면 오링이 마모되어 연결부에 누수가 발생할 수 있으므로 여유분의 오링이 있다면 그때그때 교체해주는 것이 좋다.

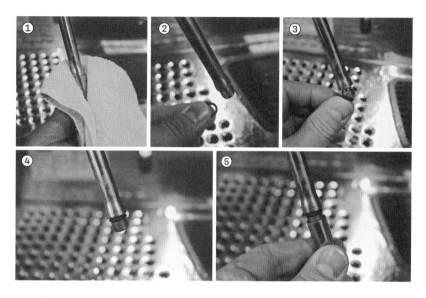

▲ 스팀노즐 오링 교체

스팀밸브와 스팀노즐의 연결 부위인 스팀완드*steam wand*는 스팀피처의 위치에 따라 자유자재로 움직이는데, 스팀완드의 오링과 가스켓이 제 기능을 하지 못하면 누수가 발생할 수 있으므로 가능한 빨리 교체해줘야 한다. 오링과 가스켓을 제때 교체하지 않으면 너트가 손상될 수 있는데, 이것만 따로 판매하지 않기 때문에 자칫하면 전체를 다 바꿔야 할 수도 있다.

▲ 스팀완드의 누수 현상   ▲ 스팀완드 분해

스팀 사용 시 스팀완드에서 누수가 발생한다면 스패너를 이용해 분해하고 누수의 원인인 노후된 가스켓을 새것으로 교체해야 한다.

커피머신의
이상 징후와 대처방법

이상 징후	체크 포인트	대처방법
커피머신의 전원버튼을 눌렀는데도 전원이 들어오지 않는다.	차단기 단락 여부	머신에 전원을 공급하는 차단기가 단락되지 않았는지 확인한다. 차단기가 내려가 있다면 레버 스위치를 다시 올리고 전원버튼을 한 번 더 누른다. 만약 이후에도 똑같은 현상이 반복되거나 차단기 문제가 아니라면 머신 내부의 누전 증상과 차단기 불량을 의심해봐야 한다.
	전원버튼 작동 여부	메인 차단기는 전기용량에 따라 여러 개의 콘센트에 나누어 연결하거나 차단기를 콘센트 수에 맞춰 각각 따로 설치한다. 커피머신의 전원이 들어오지 않는 이유가 차단기 때문인지 확인하려면 다른 차단기의 콘센트에 머신을 연결해본다.
커피머신의 전원은 켜져 있는데 보일러가 가열되지 않아 온수와 스팀기능이 작동하지 않는다.	보일러 가열버튼 작동 여부	일반적으로 반자동 머신(2그룹 기준)의 보일러 용량은 11L 이상이며 예열하는 데 25~35분의 시간이 소요되고, 머신이 정상적으로 가동하기 위해서는 전원버튼과 보일러의 히팅 스위치가 반드시 켜져 있어야 한다. 그런데 가끔 머신을 청소하다가 실수로 히팅 스위치를 꺼버리는 경우가 있으므로 머신을 사용할 때는 항상 보일러의 히팅 스위치와 압력 게이지를 체크하는 습관을 가져야 한다.
	보일러 수위 체크	보일러의 보충수 공급 밸브나 수위 센서에 이상이 생겨 보일러 안에 물이 가득 채워지면 스팀을 만들 수 없다.
커피머신은 정상적으로 가동되는데 대기 시간에 스팀이 새는 소리가 들린다.	머신 상판의 배큠 밸브	머신을 오래 사용하다 보면 배큠 밸브에 스케일이 쌓이거나 오링이 경화되어 스팀이 새는 현상이 종종 일어난다. 이럴 때는 머신의 상판을 열어 스팀이 새는 곳을 확인한 뒤 전원을 끄고 보일러 내부의 스팀을 모두 빼낸 다음 배큠 밸브를 교체하거나 오링을 새것으로 바꾸면 된다.

▲ 배큠 밸브 체크

머신 상판의 배큠 밸브를 분해한 후 오링을 교체한다.

이상 징후	체크 포인트	대처방법
커피머신의 펌프 모터가 작동할 때 큰 소리가 난다.	머신이 대기 중일 때의 수압 게이지	대기 중인 머신의 수압은 보통 2~4bar지만 갑자기 정수필터가 막히거나 단수되면 머신에 공급되어야 할 물이 끊기면서 보일러 수위가 낮아지고 펌프 모터가 작동할 때도 큰 소리가 난다. 보일러에 물이 부족한 상태에서 머신을 가동시키면 펌프에 굉장한 무리가 가므로 물의 흐름에 이상이 없는지부터 확인해야 한다.
추출압력이 낮다.	추출버튼을 누른 후의 수압 게이지	커피 추출 시 머신의 추출압력은 9bar로 설정하는 것이 일반적이지만 추출압력이 이보다 낮을 경우에는 프리 버튼을 눌러 펌프를 가동시킨 다음 수압 게이지를 보면서 펌프에 달려 있는 압력조절나사를 돌려줘야 한다. 이때 나사를 시계방향으로 돌리면 압력이 높아지고, 반시계방향으로 돌리면 압력이 낮아진다. ▲ 압력조절나사
스파웃이 두 개인 포터필터로 커피를 추출했을 때 양쪽 추출량의 편차가 크다.	머신의 수평 상태	수평자를 이용해 각 그룹의 수평을 맞춘다.
	탬핑 상태	탬핑 상태가 고르지 않으면 커피 퍽의 수평이 틀어져 추출수가 골고루 스며들지 못하고 분쇄원두의 밀도가 낮은 쪽으로만 커피가 추출되는 채널링 *channeling* 현상이 일어난다.
	포터필터의 청결 상태	포터필터에서 필터 바스켓을 분리한 후 안쪽을 깨끗이 닦는다.

이상 징후	체크 포인트	대처방법

① 압력 스위치로 보일러 압력을 감지하는 경우

머신의 상판을 열고 압력 스위치의 압력조절나사를 시계방향으로 돌려 압력을 높인다. 이 경우 압력 스위치의 스프링이 느슨해지면 기준보다 낮은 압력에서 히터 전원이 차단되기도 한다.

▲ 압력 스위치

② 압력 센서로 보일러 압력을 감지하는 경우

이러한 보일러는 압력 센서가 압력을 감지한 후 메인보드로 신호를 보내기 때문에 메인보드의 설정을 바꾸는 방법으로 압력을 조절한다.

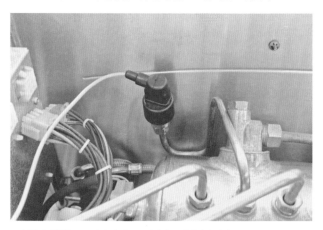

▲ 보일러 압력을 스프링의 장력으로 감지하는 일반적인 압력 스위치와 달리 압력 센서는 전자식으로 미세한 차이까지 파악하여 보다 신속하고 정확하게 압력을 조절할 수 있다.

스팀의 압력이 약하다. / 보일러 압력 게이지의 바늘 위치

보일러 압력에는 이상이 없는데 스팀이 약하게 분사된다. / 스팀노즐의 막힘 여부 / 스팀노즐의 막힌 구멍을 뚫어준다.

이상 징후	체크 포인트	대처방법

추출수의 물량을 똑같이 세팅했는데도 그룹마다 추출속도가 다르다.

각 그룹 메뉴 버튼의 작동 시간

포터필터를 그룹헤드에 장착하지 않은 상태에서 각 그룹의 메뉴 버튼을 동시에 누른 후 추출이 같은 시점에 끝나는지 확인한다. 그룹헤드에는 추출수의 유속을 줄여주는 부속인 지글러가 들어 있는데, 이 부분에 스케일이 쌓이거나 이물질이 끼면 추출속도에 영향을 주어 추출시간에 편차가 생기게 된다. 특히 사용빈도가 적은 그룹일수록 물이 고여 있는 시간이 길고, 그만큼 스케일과 이물질이 많이 발생하기 때문에 구멍이 더 쉽게 막힐 수 있다. 그룹은 되도록 골고루 사용하는 것이 좋으며 구멍이 막혔을 때는 지글러를 분해 청소하거나 교체해야 한다.

▲ 지글러   ▲ 지글러 분해

커피를 추출할 때 그룹헤드와 포터필터의 연결부에서 누수가 발생한다.

그룹 가스켓 마모 상태

그룹 가스켓의 마모가 심하다면 3~4개월 주기로 교체해줘야 한다.

▲ 마모된 가스켓

포터필터의 필터 바스켓 모양이 달라지면 그룹 가스켓에 문제가 없어도 누수가 발생할 수 있다. 이럴 때는 사용하려는 필터 바스켓을 다른 포터필터에 끼우고 추출 테스트를 해서 이상 유무를 점검한다.

▲ 그룹헤드와 포터필터 연결부의 누수

필터 바스켓 마모 상태

▲ 필터 바스켓 마모 상태 비교

이상 징후	체크 포인트	대처방법

필터 바스켓의 윗부분을 보면 와이어로 된 포터필터 와이어를 끼울 수 있게 살짝 홈이 파여 있는 것을 알 수 있다. 하지만 평소에 포터필터를 청소하려고 필터 바스켓을 자주 분리하다 보면 와이어가 늘어나면서 모양이 변하고 필터 바스켓의 위치도 제대로 잡아주지 못하기 때문에 양손 엄지손가락으로 와이어의 '-자' 부분을 안쪽으로 휘어주어야 한다. 이 부분이 포터필터의 안쪽 둘레에서 많이 떨어지면 떨어질수록 필터 바스켓을 더욱 강력히 고정시킬 수 있다. 만약 이 방법도 잘 통하지 않는다면 포터필터 와이어를 새것으로 바꾸는 것이 좋다.

커피 추출이 끝난 후 포터필터에 남은 커피찌꺼기를 넉박스에 털어내는 데 필터 바스켓이 빠져버렸다.

포터필터 와이어가 휘지 않았는지 체크한다.

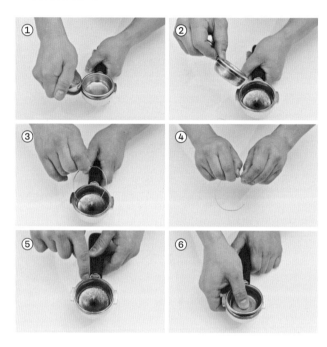

▲ 포터필터 와이어 교체방법

배수통에 커피찌꺼기와 이물질이 쌓여서 물이 빠져나가는 구멍을 막아버리면 배수통이 넘쳐 머신 아래에 물이 샐 수 있으므로 틈틈이 청소해줘야 한다.

커피머신에서 물이 샌다.

머신의 물받이판인 배수 트레이를 위로 들어낸 다음 물이 배수통으로 잘 빠져나가는지 체크한다.

▲ 배수통 입구

이상 징후	체크 포인트	대처방법

배수 파이프가 배수관에 너무 깊이 들어가 있으면 배수통과 배수관 사이에 공기가 차서 물을 버렸을 때 배수통이 넘치고 머신 아래에 물이 샐 수 있다. 배수 파이프는 배수관에 5cm 정도 깊이로 넣고 빠지지 않게 단단히 고정해야 한다.

머신에 연결된 배수 파이프가 배수관에 얼마나 깊게 들어갔는지 체크한다.

삽입 깊이 X

▲ 잘못 설치된 모습

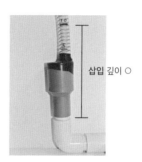

삽입 깊이 ○

▲ 잘 설치된 모습

원두의 분쇄도

커피 추출 시 원두의 분쇄도가 너무 가늘면 추출수의 저항을 많이 받아서 추출속도가 느려지고 추출시간도 길어지므로 원두를 약간 굵게 분쇄해야 한다.

추출속도가 너무 느리다.

분쇄원두의 양

에스프레소 1샷을 추출하는 데 필요한 분쇄원두의 양을 정확히 맞추지 않으면 추출이 원활하게 이루어지지 않으므로 포터필터에 정량을 담는 연습이 필요하다.

원두의 신선도

공기 중에 노출된 원두는 시간이 길어지면서 서서히 산패되기 때문에 신선한 원두와 그렇지 않은 원두는 아무리 똑같은 굵기로 분쇄해도 추출속도에 차이가 난다. 커피를 추출할 때 원두의 보관기간에 따라 입자 크기를 다르게 조절하는 이유도 그 때문이다. 추출속도를 일정하게 유지하려면 원두의 신선도가 높을수록 입자 크기를 굵게, 신선도가 낮을수록 입자 크기를 가늘게 분쇄해야 한다.

이상 징후	체크 포인트	대처방법
추출속도가 너무 느리다.	지글러	그룹헤드 지글러의 구멍이 막혀도 추출속도가 느려질 수 있다. 이럴 때는 부품을 새것으로 교체하거나 분해 청소해야 한다. ▲ 스케일과 이물질 때문에 구멍이 막혀버린 지글러(왼쪽)와 새 지글러(오른쪽)
	추출압력	추출압력이 너무 약해서 추출속도가 느려지는 경우도 있다. 압력 게이지를 보면서 압력조절나사를 시계방향으로 돌리면 압력이 상승한다.
	필터 바스켓	필터 바스켓 바닥에는 100개 이상의 구멍이 뚫려 있는데 구멍에 미분이 많이 남아있으면 추출이 정상적으로 이루어지기 어렵다. 필터 바스켓을 수시로 청소해주지 않으면 커피를 추출했을 때 추출속도가 느려질 수 있다.
	샤워스크린	샤워스크린을 제대로 청소해주지 않으면 커피찌꺼기가 구멍을 막아 추출속도가 느려지게 된다. 샤워스크린은 적어도 일주일에 한번씩 분해 청소하는 것이 바람직하다.
추출속도가 너무 빠르다.	원두의 분쇄도	원두의 분쇄도를 좀 더 가늘게 조정하여 추출속도를 늦춘다.
	분쇄원두의 양	필터 바스켓에 담긴 분쇄원두가 적정량인지 확인한다. 커피 추출 시 분쇄원두의 양이 너무 적으면 저항이 줄어들어 추출속도가 빨라진다.
	추출수의 온도	추출수의 온도가 지나치게 낮으면 커피성분이 물에 충분히 반응하지 않아 추출이 상대적으로 빠르게 이루어지고 커피도 연하게 추출될 수 있다.
	원두의 신선도	개봉한 지 오래된 원두는 신선도가 떨어지고 그만큼 추출속도가 빠르다. 이때는 원두를 좀 더 가늘게 분쇄하고, 그라인더의 호퍼에 남아있는 원두는 더 이상 산패되지 않도록 밀폐용기에 담아 보관하는 것이 좋다.

이상 징후	체크 포인트	대처방법
	온수의 이물질 유무	잔에 온수를 받아 이물질이 없는지 체크한다. 보일러 안이나 히팅코일에 스케일이 생기면 이물질이 온수 밸브에 끼어서 물이 새는 일이 발생한다. 이때 온수 버튼을 계속 누르면 이물질이 제거되기도 하는데, 만약 이 방법도 효과가 없다면 온수 밸브를 분해 청소해야 한다. 온수 밸브를 청소한 후에도 같은 문제가 반복된다면 전문 업체에 스케일 제거 작업을 의뢰해야 한다.
온수 버튼을 누르지 않았는데도 온수가 조금씩 떨어진다.	온수 밸브 플런저 가스켓의 경화 상태	온수 밸브를 분해했을 때 스케일이 보이지 않는다면 플런저 가스켓이 경화됐을 가능성이 높다. 플런저 가스켓이 경화되었다면 부품을 교체한 후 추출 테스트를 해본다.

▲ 경화된 가스켓(왼쪽)과 새 가스켓(오른쪽)

이상 징후	체크 포인트	대처방법
커피 추출 후 잔에 미분이 많이 남는다.	그라인더 칼날 교체주기	그라인더의 칼날이 마모되면 원두가 잘라지지 않고 으깨지면서 미분이 많이 생긴다. 특히 로스팅 레벨이 낮은 원두일수록 밀도가 높고 단단해서 칼날의 마모 속도도 로스팅 레벨이 높은 원두에 비해 더 빠르다. 그라인더의 칼날은 주기적으로 바꿔줘야 한다. 플랫버는 원두 사용량이 약 500kg, 코니컬버는 약 1,000kg을 넘으면 교체해야 한다.
	필터 바스켓	포터필터를 자주 사용하다 보면 필터 바스켓의 구멍 크기가 커지면서 미분이 많이 빠져나오게 된다. 하지만 이는 육안으로 확인하기가 어렵기 때문에 교체시기가 되었다고 생각하면 다른 필터 바스켓과 상태를 비교해볼 필요가 있다. 최근에는 커피에 미분이 남아있는 것을 싫어하는 사람들을 위해 구멍 크기를 작게 줄인 필터 바스켓도 출시되고 있다.

8.

그라인더

커피를 맛있게 추출하기 위해선 원두를 물에 그대로 적시는 것보다 가늘게 분쇄해 물과 만나는 단면적을 늘리는 것이 훨씬 효과적이다. 단면적이 늘어날수록 커피성분이 더 잘 녹아나오기 때문에 아무리 같은 원두라도 분쇄도를 어떻게 조절하느냐에 따라 커피 맛이 달라진다. 일반적으로 분쇄도가 너무 가늘면 물이 분쇄원두를 원활히 통과하지 못해 커피의 쓴맛이 도드라지고, 반대로 분쇄도가 너무 굵으면 물이 분쇄원두를 빠르게 통과하여 커피성분이 충분히 추출되지 못하고 커피 맛도 밍밍해진다. 커피 추출 시 커피머신 못지않게 그라인더의 역할이 중요한 것도 이러한 이유에서다.

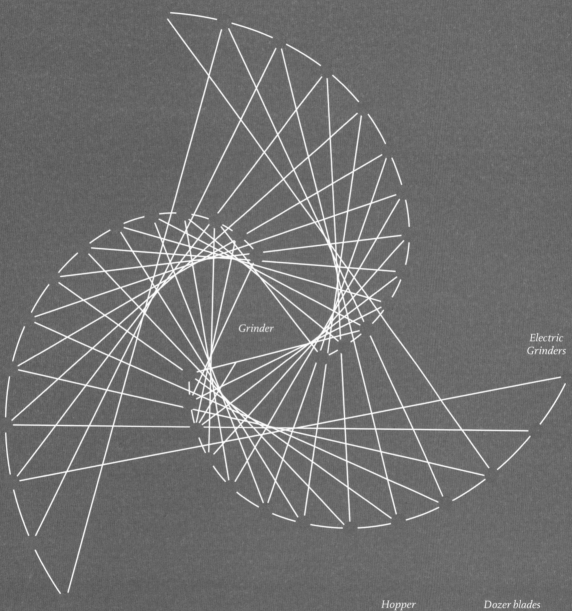

Mortar

Grinder

Electric
Grinders

Haendeumil

Hopper   Dozer blades
Hopper Gate   Tamper
Particle throttle   Potter filter holder
Coffee channel   Pollinating
Dozer   Power switch
Dozer lever   Coolers

그라인더의
종류

1   절구

2   핸드밀

3   전동 그라인더

1. 절구

역사적으로 오랫동안 사용되어 온 분쇄도구로, 일부 아프리카와 서남아시아 국가에서는 아직도 절구를 이용해 원두를 분쇄한다. 손으로 직접 가루를 내기 때문에 입자가 고르지 않으며 절구를 이용하는 곳에서는 대부분 커피가루를 물에 끓이는 방식으로 우려 마신다. 이렇게 추출한 커피는 미분 때문에 탄 맛과 쓴맛이 도드라질 수 있지만 묵직한 바디감을 느낄 수 있다.

▲ 에티오피아 커피 세리머니

▲ 므께짜

2. 핸드밀

주로 가정에서 핸드드립 커피를 내릴
때 사용하는 분쇄도구다. 원뿔형
칼날이 달린 손잡이를 돌려 원두를
분쇄하는 원리며 나사로 입자 크기를
조절할 수 있다. 하지만 한 번에 넣을
수 있는 원두의 양이 정해져 있고,
손으로 직접 돌려야 하는 만큼 힘이
많이 든다는 단점이 있다. 때문에
커피를 자주 마시거나 한꺼번에 많은
양의 커피를 소비하는 사람에게는
부적절하며, 실제로 많은 사람들이
일정기간 핸드밀을 사용하고 나면 전동
그라인더로 바꾸는 편이다.

▲ 핸드밀은 칼날 축의 높낮이를 다르게 하여 분쇄도를 조절할 수 있다.

▲ 핸드밀

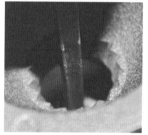

▲ 칼날 축을 위로 올리면 칼날 사이의 간격이 좁아져 입자가 가늘어지고(왼쪽),
　칼날 축을 아래로 내리면 칼날 사이의 간격이 넓어져 입자가 굵어진다(오른쪽).

▲ 아래쪽 칼날의 고정 볼트를 조였을 때(칼날 축이 위로 올라간다)와 풀었을 때(칼
　날 축이 아래로 내려간다)의 모습.

3. 전동 그라인더

전동 그라인더는 모터가 탑재돼 있어 스위치만 누르면 단시간에 빠르게 원두를 분쇄할 수 있다. 용도에 따라 상업용과 가정용으로 분류하며 상업용에는 드립용과 에스프레소용 두 가지가 있다. 모터를 사용한다는 점은 기종과 관계없이 모든 전동 그라인더에 동일하게 적용되지만, 칼날은 형태별로 각각 다른 특성을 지닌다. 전동 그라인더는 대부분 상업용이고 가격대도 높은 편이므로 매장에서 사용할 목적으로 구매할 경우 성능과 편의성은 물론 설치와 a/s까지 꼼꼼하게 따져봐야 한다.

▼ 그라인더의 종류

1
가정용 자동 그라인더
2
가정용 수동 그라인더
3
상업용 자동 그라인더
4
상업용 수동 그라인더
5
상업용 드립 그라인더

1

2

3

4

5

칼날의
종류

1 칼날형

2 평면형

3 원추형

그라인더의 핵심은 다름 아닌 칼날이다. 칼날은 '버 *burr*'라고도 불리며 여러 가지 형태가 있어서 그라인더의 사용목적에 맞게 활용하는 것이 바람직하다. 전동 그라인더는 칼날형, 평면형, 원추형 등으로 다양하게 나뉘며, 모터로 작동하기 때문에 발열에 민감하다.

1. 칼날형

믹서기처럼 본체 아래쪽에 칼날이 달려 있는 형태로, 원두가 칼날에 부딪히는 충격에 의해 분쇄된다고 해서 충격식 분쇄라고도 한다. 주로 가정용 소형 그라인더에서 볼 수 있으며 무게가 가볍다는 것이 장점이다. 칼날형 그라인더를 사용할 때 본체를 아래위로 흔들어 주면 원두에 충격이 골고루 전해져 분쇄도를 더욱 균일하게 맞출 수 있다.

2. 평면형

평평한 모양의 칼날 두 개가 맞닿아 있는 형태로 에스프레소를 추출할 때 많이 사용한다. 칼날의 모양이 평평하다고 해서 플랫 버*flat burr*라고도 하며, 두 개의 칼날 중 모터에 연결된 아랫날은 원두를 분쇄하는 역할을 하고, 윗날은 아랫날과의 간격을 조정하여 분쇄도를 맞추는 역할을 한다.

다른 칼날에 비해 분쇄도가 균일하여 추출이 안정적으로 이루어진다는 장점이 있지만 회전속도가 굉장히 빠르기 때문에 (1400~1600RPM) 열이 쉽게 발생하고 맛에 영향을 끼칠 가능성이 높다. 또한 평면형 그라인더를 연속 사용한 후에는 휴식시간(보통 사용시간의 2배)을 충분히 가져야 모터가 과열되는 것을 방지할 수 있으며, 원두 사용량이 400~600kg를 넘으면 칼날이 심하게 마모되기 때문에 주기적으로 교체해줘야 한다.

최근에는 이러한 단점을 극복하기 위해 쿨링 기능이 더해진 제품이 출시되었으며, 사용자가 직접 쿨러를 부착하여 발열을 방지하는 경우도 있다. 몇몇 바쁜 매장에서는 평면형 그라인더 2대를 번갈아 가며 사용하기도 한다.

▲ 평면형 그라인더의 칼날 모양

▲ 평면형 그라인더의 분쇄 원리와 과정

3. 원추형

모터와 연결된 원뿔 모양의 날이 회전하면서 원두를 분쇄하는 동시에 분쇄원두를 아래로 흘려보내는 방식이다. 코니컬 버*conical burr*라고도 하며 평면형에 비해 회전속도가 느리고(400~600RPM) 발열이 적어 향미를 극대화하는 효과가 있다. 칼날의 수명이 긴 편에 속하기 때문에 평균 1,000~1,200kg의 원두를 사용한 후에 교체해도 무방하다. 하지만 분쇄도가 균일하지 않아 미분이 많이 생기는 것이 단점이다.

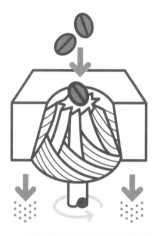

▲ 원추형 그라인더의 칼날 모양
날개가 원심력에 의해 분쇄원두를 바깥으로
밀어낸다.

▲ 원추형 그라인더의 분쇄 원리와 과정

[TIP 칼날의 수명]

그라인더 칼날의 수명은 원두의 로스팅 레벨과 깊은 관련이 있다. 로스팅 레벨이 낮은, 라이트 로스팅된 원두는 대체로 수분함량이 높고 밀도가 단단하기 때문에 날이 금방 손상될 수 있으며, 반대로 로스팅 레벨이 높은, 다크 로스팅된 원두일수록 조직이 더 많이 팽창하여 쉽게 분쇄되기 때문에 날이 장시간에 걸쳐 서서히 마모되는 경향이 있다. 요즘에는 기존의 스테인리스 칼날에 세라믹이나 티타늄 코팅을 입혀 내구성을 보완하고 발열 문제를 줄인 제품이 개발되고 있다.

▲ 스테인리스

▲ 세라믹

▲ 티타늄

에스프레소 그라인더의 구조와 명칭

1   호퍼

2   호퍼 게이트

3   입자 조절판

4   커피 찬넬

5   도저

6   도저 레버

7   도저 날개

8   탬퍼

9   포터필터 거치대

10   가루받이

11   전원 스위치

12   쿨러

입자 조절판

커피 찬넬

도저

탬퍼

포터필터 거치대

가루받이

호퍼

호퍼 게이트

도저 날개

도저 레버

전원 스위치

1. 호퍼

원두를 보관하는 통. 한 번에 500g~2kg의 원두를 넣을
수 있지만 매장에서는 그날 쓸 양만큼만 담아두는 것이
원두의 신선도를 유지하는 방법이다. 다크 로스팅된 원두는
커피오일이 호퍼 벽면에 흡착되기 쉬우므로 매일 청소해주는
것이 좋다. 이때 호퍼는 따로 분리한 후 중성세제로 닦아주면
된다.

2. 호퍼 게이트

▶ 안으로 밀면 닫히고
밖으로 빼면 열린다.

호퍼에 들어있는 원두를 칼날 쪽으로 내보내고 싶으면 호퍼
게이트를 열면 된다. 호퍼 게이트는 모든 그라인더에 장착돼
있으며 호퍼를 따로 분리할 때는 반드시 호퍼 게이트를 먼저
닫아야 호퍼 안의 원두가 쏟아질 염려가 없다.

3. 입자 조절판

커피 추출 시 원두의 분쇄도와 커피 맛의 상관관계를 이해하지 못하면 맛있는 커피를 만들 수 없기 때문에 분쇄원두의 입자 크기*mesh*를 결정하는 입자 조절판은 그라인더의 여러 부품들 중에서도 가장 중요하다고 할 수 있다. 평상시 입자 조절판은 칼날이 움직이지 않게 고정되어 있지만 고정핀을 제거하거나 다이얼을 돌리면 원하는 분쇄도로 조절할 수 있다.

구체적인 분쇄도 조절 방법은 제품마다 다르지만 대부분 입자 크기를 숫자로 나타내며, 화살표가 가리키는 숫자가 작을수록 가는 분쇄, 클수록 굵은 분쇄에 해당된다.

▲ 란실리오

▲ 메저

▲ 디팅

분쇄원두의 입자 크기는 그라인더의 윗날과 아랫날 사이의 간격에 의해 결정된다. 원두의 분쇄도는 날의 간격이 넓을수록 굵고, 좁을수록 가늘다. 하지만 날의 간격이 너무 좁으면 윗날과 아랫날이 서로 맞닿은 채로 회전하면서 마모될 수 있다.

그라인더가 작동 중일 때는 분쇄도를 조절하면 안 되는데, 자칫하면 고속으로 회전하는 칼날의 위아래가 맞닿아 붙을 수 있기 때문이다. 이 경우 자칫하면 두 개의 칼날이 완전히 붙어버려 a/s를 받아야 할 정도로 심각한 문제가 발생할 수 있으니 각별한 주의가 필요하다.

▶ 안핌 그라인더의 칼날 내부 모습

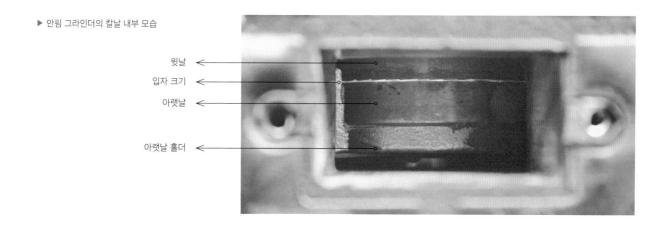

윗날 ←
입자 크기 ←
아랫날 ←
아랫날 홀더 ←

4. 커피 찬넬

분쇄원두가 도저에 담기기 전 지나는 통로로, 원두가 분쇄되는 부분인 체임버와 일체형으로 제작하는 것이 일반적이다. 토출부의 크기는 모터의 회전속도에 비례하는데, 빠르게 회전하는 모터에 비해 토출부가 좁으면 분쇄원두가 원활하게 빠지지 않아 열이 많이 발생하고 커피 맛에도 나쁜 영향을 미친다. 반대로 한가한 매장에서 토출부가 넓은 그라인더를 사용하면 남아있는 원두가 공기 중에 노출되어 오히려 향미가 떨어질 수 있다.

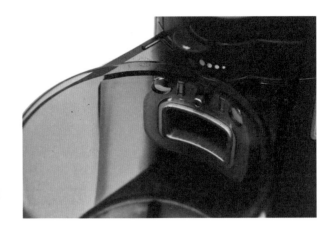

5. 도저

도저는 분쇄원두가 담기는 부분을 말하며, 분쇄원두의 양을 사용자가 그때그때 정하는 수동 타입과 정해진 양을 알아서 채워주는 자동 타입, 두 가지 유형이 있다.

1

2

3

1
수동 타입 도저
2
자동 타입 도저
3
마이크로 스위치

— 수동 타입

수동 도저는 전원 스위치로 그라인딩을 컨트롤하는 매우 간단한 방법이다. 분쇄를 시작할 때 스위치를 켜고 원하는 만큼 원두가 분쇄됐을 때 스위치를 끄면 된다. 도저는 안에 담긴 분쇄원두의 양을 사용자가 쉽게 확인할 수 있게끔 투명하게 만들어졌으며, 대다수의 카페들이 원두의 신선도를 유지하기 위해 수동 도저를 사용하여 원두를 그때그때 필요한 양만 갈아서 쓴다.

— 자동 타입

자동 도저를 사용하는 카페는 비교적 적은 편이지만 많은 손님이 한꺼번에 몰리는 바쁜 매장에서는 스위치를 매번 일일이 조작하는 것이 번거롭기 때문에 자동 도저가 유용하게 쓰일 수 있다. 자동 도저는 도저에 담긴 분쇄원두의 양이 일정 수준에 도달하면 도저 안에 설치된 레버가 밀리면서 마이크로 스위치를 끄고 작업을 종료한다. 마찬가지로 반대의 경우에는 분쇄원두에 의해 밀렸던 레버가 당겨지면서 분쇄가 다시 시작되고 원두를 채울 때까지 작업을 계속한다. 분쇄원두의 양을 원하는 만큼 설정할 수 있으며 수동으로도 변경이 가능해 유동적으로 쓸 수 있다. 하지만 미리 분쇄해놓은 원두의 향미가 시간이 지나면서 떨어지는 것은 어쩔 수 없다.

[TIP 도저가 없는 자동 그라인더]

사용자가 직접 도저 레버를 움직여 포터필터에 담을 분쇄원두의 양을 조절하는 수동 그라인더와 달리 도저가 없는 자동 그라인더는 분쇄원두가 포터필터에 바로 담기는 방식이다. 그라인더 전면에 부착된 전자제어장치를 통해 분쇄원두의 양과 분쇄 속도, 시간 등을 자유롭게 선택할 수 있으며 칼날의 교체시기도 미리 설정해두면 자동으로 알 수 있다.

바리스타의 숙련도(분쇄원두의 적정량을 가늠하는 능력)가 요구되는 수동 그라인더에 비해 자동 그라인더는 비교적 누구나 쉽고 간편하게 일정량의 원두를 분쇄할 수 있으며, 수동 그라인더처럼 도저에 담긴 분쇄원두가 산소에 의해 산패될 위험도 없다.

자동 그라인더는 2007년 세계바리스타챔피언쉽 당시 챔피언이었던 제임스 호프만*James Hoffmann*이 처음 소개한 뒤 스페셜티 커피숍에서 자주 볼 수 있는 그라인더가 되었다. 이후로도 많은 바리스타들이 대회 때 자동 그라인더를 사용해 좋은 성적을 거두면서 널리 보급되었다.

하지만 자동 그라인더는 수동 그라인더보다 가격이 2~3배 비싸고 분쇄 기능을 일정하게 유지하려면 칼날을 꾸준히 관리해야 한다는 번거로움이 있다.

---

6. 도저 레버

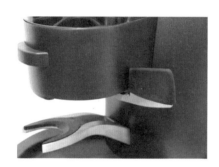

도저에 담긴 분쇄원두를 밖으로 배출할 때 사용하는 레버다. 레버를 움직일 때마다 일정한 양의 분쇄원두가 나오게 맞춰져 있으며, 한 번에 평균 4.5~10g의 분쇄원두가 포터필터에 담긴다.

7. 도저 날개

도저 안에 들어있는 부채꼴 모양의 도저 날개는 육각형으로 나뉘어져 있어 레버를 당겼을 때 분쇄원두가 정해진 양만 나온다. 포터필터에 담기는 분쇄원두의 양을 정확히 맞추려면 도저가 1/3 이상 채워져 있어야 한다. 도저 날개는 도저의 안쪽 중앙이나 바깥쪽 아래에 위치해 있다.

8. 탬퍼

유럽은 탬핑을 간단히 하는 카페들이 많고, 그라인더나 에스프레소 머신에 부착된 탬퍼를 이용하는 경우도 빈번하지만 탬핑의 중요성을 강조하는 한국에서는 탬퍼가 부착된 그라인더를 거의 사용하지 않는다.

▲ 고정식 탬퍼　　　　　　　▲ 프레스식 탬퍼

9. 포터필터 거치대

원두 분쇄 시 포터필터를 그라인더에 걸칠 수 있게 만들어 놓은 거치대다. 맛있는 커피를 추출하기 위해서는 첫 단계인 그라인딩 때부터 분쇄원두를 포터필터에 고르게 담는 것이 중요하다. 그래서 포터필터의 위치를 안정적으로 잡아주는 거치대를 사용하며, 도저와 포터필터 거치대의 거리가 멀수록 분쇄원두를 담을 때 한쪽으로 쏠리는 현상이 줄어들기 때문에 높낮이를 조절할 수 있게 되어 있다.

10. 가루받이

포터필터 거치대 아래에 놓인 가루받이는 포터필터에 담을 때 흘린 분쇄원두를 모으는 곳이다. 본체에서 쉽게 분리할 수 있어 청소가 용이하다.

11. 전원 스위치

자동 그라인더는 포터필터를 센서에 가져다 대면 자동으로 분쇄원두가 나오지만, 수동 그라인더는 사용자가 직접 스위치를 눌러야 한다. 전원 스위치에는 온오프 타입과 타이머 타입이 있으며, 타어머 타입의 경우 분쇄 시간을 잘못 계산하면 원두를 낭비할 수 있으므로 유의해야 한다.

12. 쿨러

그라인더는 모터로 작동하는 만큼 열이 쉽게 발생하기 때문에 아예 처음부터 쿨러 기능이 내장된 그라인더를 구매하거나 사용자가 직접 쿨러를 장착하는 것이 좋다.

그라인더 칼날
청소방법

그라인더의 칼날은 눈에 잘 띄는 부품이 아닌데다 커피가루가 묻어도 너무 작아서 육안으로 확인하기가 쉽지 않기 때문에 커피 맛이 당장 달라지지 않는 이상 청소의 필요성을 느끼지 못할 수 있다. 그러나 칼날 청소를 소홀히 하면 남아있는 미분이 산화하여 칼날을 마모시킬 수 있기 때문에 틈틈이 상태를 점검해줘야 한다. 칼날 청소는 천연 곡물로 만든 세정제를 사용하는 방법과 분해 청소를 하는 방법이 있다.

1   세정제

2   분해 청소

1. 세정제

칼날 세정제는 인체에 무해한 천연 곡물로 만들어졌으며 칼날 표면에 쌓인 미분과 커피오일을 제거하는 데 효과적이다.

청소방법

① 분쇄도를 드립용으로 굵게 조정한다.

② 호퍼를 분리하고 세정제 40g을 넣는다.

③ 전원 스위치를 켜고 세정제를 분쇄한다. 이때 칼날 윗부분은 가루가 튀지 않도록 덮어두는 것이 좋다.

④ 분쇄가 끝나면 전원 스위치를 끈 후 원두 40g을 넣고 다시 갈아준다.

⑤ 칼날에 남은 가루를 청소기로 깨끗이 빨아들인다. 청소 후에 바로 원두를 분쇄하면 약간의 세정제가 섞여 나올 수 있는데 커피 맛이나 건강에는 지장이 없다.

주의사항

세정제로는 칼날 이외의 부분을 청소할 수 없기 때문에 나중에 따로 분해 청소를 해야 한다.

2. 분해 청소
(모델 Rancilio Kryo 65ST)

분해 청소는 칼날을 가장 확실하게 깨끗하게 청소하는 방법이다.

청소방법

① 호퍼에 담긴 원두를 모두 제거한 후 그라인더를 작동시켜 안쪽에 남아있는 원두를 전부 빼낸다. 상단 칼날과 입자 조절판 사이의 고정 나사를 분리한 후 분쇄도가 굵은 쪽으로 돌려 덮개를 벗기고 칼날뭉치를 빼낸다.

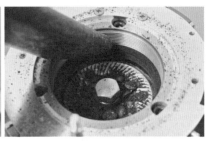

② 하단 칼날과 체임버에 남은 미분을 청소 솔로 털어낸 다음, 남은 가루를 청소기로 깨끗이 빨아들인다. 상하단 칼날이 조립되는 나사산 부분에 쌓인 커피찌꺼기도 솔로 깨끗이 청소한다.

③ 하단 칼날에 가루가 남아있지 않은지 꼼꼼히 확인한 후 상단 칼날을 다시 조립한다.

주의사항

▲ 칼날 조립

칼날뭉치를 분해했다가 다시 조립할 때는 체임버와 나사산이 잘 맞아야 한다. 상하단 칼날을 분쇄도가 굵은 방향으로 천천히 돌렸다가 다시 분쇄도가 가는 방향으로 돌리면 되는데, 조립할 때 빡빡한 느낌이 든다면 상단 칼날을 풀어 한 번 더 중심을 맞춰야 한다. 상하단 칼날의 나사산이 제대로 맞지 않은 상태에서 무리하게 조립하면 나사가 망가져 칼날뭉치와 체임버를 전부 교체해야 하므로 수리비가 많이 발생한다.

그라인더 부품
교체방법

1. 그라인더 칼날

그라인더는 평면형 칼날일 경우 원두 사용량이 400~600kg, 원추형 칼날일 경우 원두 사용량이 1,000~1,200kg가 됐을 때 칼날을 교체해주는 것이 바람직하다. 적절한 시기에 칼날을 교체하지 않으면 분쇄도의 정확도와 균일성이 떨어진다.

1	그라인더 칼날
2	도저 레버 스프링

교체방법

① 호퍼에 담긴 원두를 모두 제거한 후 그라인더를 작동시켜 안쪽에 남아있는 원두를 전부 빼낸다. 상단 칼날의 고정 나사를 분리한 후 분쇄도가 굵은 쪽으로 돌려 덮개를 벗기고 칼날뭉치를 빼낸다.

② 덮개에 고정된 상단 칼날의 나사를 푼다. 하단 칼날과 체임버에 남은 미분을 청소 솔로 털어낸 다음, 남은 가루를 청소기로 깨끗이 빨아들인다.

③ 청소가 끝난 하단 칼날을 본체에서 분리한다. 이때는 하단 칼날이 움직이지 않도록 드라이버나 철 막대로 하단 칼날의 홀더를 고정시킨 뒤 나사를 풀어야 한결 수월하다.

④ 안쪽에 가루가 남아있지 않은지 꼼꼼히 확인한 후 칼날을 순서대로 다시 조립한다.

2. 도저 레버 스프링

도저 레버를 움직이는 스프링은 의외로 쉽게 끊어진다. 특히 빠른 속도로 반복해서 레버를 당길 경우 더더욱 그렇다. 그라인더를 작동시켜 원하는 양의 원두를 분쇄하기까지는 어느 정도 시간이 걸리기 때문에 좀 더 여유를 가지고 레버를 당긴다면 스프링 교체주기를 늘릴 수 있을 것이다. 도저 레버를 당긴 후 원상태로 돌아가지 않는다면 스프링이 끊어진 것이므로 부품을 교체해줘야 한다.

이동식 스프링

— 란실리오 크리오

이동식 스프링을 교체하고 싶다면 먼저 도저 하단의 커버를 분해해야 한다. 커버를 분해할 때는 옆으로 눕히거나 앞으로 최대한 당겨서 드라이버와 볼트가 직각을 이루게 한 다음 나사 4개를 풀어야 한다. 끊어진 스프링이 보이면 새것으로 교체하고 양쪽을 각각 그라인더 본체와 도저 레버에 연결한다. 스프링 교체가 끝나면 반대로 다시 조립한다.

▲ 스프링 교체과정

— 안핌 카이마노

란실리오와 같은 방식이다.
교체방법은 위와 동일하며 스프링이 한쪽은 볼트로 고정돼 있고, 다른 한쪽은 도저 레버의 구멍에 고리식으로 걸려 있어 교체하기가 비교적 쉽다.

▲ 안핌 스프링 교체

고정식 스프링

— 메저 슈퍼졸리

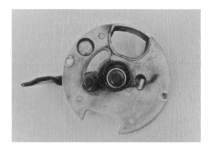

일반적인 이동식 스프링과 모양이 달라서 초보자가 교체하기에는 어려울 수 있으나 중앙부를 가로지르듯 고정시키면 쉽게 교체할 수 있다.

▲ 메저 스프링 교체

그라인더의
고장 증상과 해결방안

이상 징후	체크 포인트	대처방법
원두가 호퍼에 들어있는데도 스위치를 켰을 때 분쇄되지 않는다.	· 호퍼 게이트가 열려 있는지 확인한다. · 그라인더의 칼날이 회전하는지 확인한다.	· 호퍼 게이트를 연다. · 칼날이 회전하지 않는다면 상단 칼날뭉치를 분해해 칼날 사이에 낀 이물질을 제거한다. · 칼날이 힘없게 돌아간다면 콘덴서 고장이므로 교체해줘야 한다. · 칼날은 회전하는데 원두가 갈리지 않는다면 분쇄도를 제일 굵은 쪽으로 돌려 분쇄해본다.
도저 레버가 느슨하게 움직인다.	도저 하단의 커버를 분해한 후 스프링 상태를 점검한다.	도저 레버의 스프링이 끊어지거나 느슨해진 것이므로 새것으로 바꿔야 한다.
스위치를 켜도 그라인더가 작동하지 않는다.	스위치 옆의 전원 램프가 켜져 있는지 확인한다.	· 그라인더의 전원을 다른 콘센트에 연결한다. · 전원 스위치 고장이므로 교체해줘야 한다.
분쇄도는 그대로인데 커피의 추출속도가 달라졌다.	원두의 신선도(포장을 개봉해 호퍼의 담은 시간)를 확인한다.	커피는 원두에 탄산가스가 많으면 추출속도가 느려지고, 적으면 빨라질 수 있기 때문에 신선도에 따라 분쇄도와 양을 조절해야 한다.
분쇄도를 가늘게 조절하자 칼날이 공회전을 한다.	분쇄도를 얼마로 조절했는지 확인한다.	분쇄도를 너무 큰 폭으로 가늘게 조절하면 원두가 칼날에 낄 수 있으므로, 그라인더에 무리가 가지 않는 선에서 단계적으로 바꾸는 것이 좋다.

올바른 그라인더
구매방법

1   분쇄도는 정확하고 균일해야 한다

2   발열은 최소화해야 한다

3   도징양은 일정해야 한다

4   가루 날림과 뭉침 현상이 적어야 한다

1. 분쇄도는 정확하고 균일해야 한다

커피는 분쇄원두의 입자가 고를수록 일정한 맛을 구현할 수 있기 때문에 분쇄도는 흔히 맛있는 커피의 기준이 되곤 한다. 원두를 분쇄했을 때 미분이 많이 발생하면 커피 추출 시 물과 분쇄원두가 접촉하는 시간이 길어져 자칫 거칠고 텁텁한 맛이 날 수 있다.

2. 발열은 최소화해야 한다

고속으로 회전하는 칼날에 원두를 분쇄하면 순간적으로 많은 양의 열이 발생하여 향미에 안 좋은 영향을 끼칠 수 있다. 최근에는 그라인더의 체임버에 발열 현상을 완화하는 장치를 장착한 그라인더가 출시되고 있다.

3. 도징양은 일정해야 한다

정확하고 균일한 커피 추출을 위해서는 포터필터에 담기는 분쇄원두의 양을 일정하게 유지해야 하기 때문에 가능한 도징양의 편차가 적은 그라인더를 선택하는 것이 좋다. 보통 10회 정도 분쇄도 테스트를 실시한 후 평균값을 실제 값과 비교하는 방식으로 편차를 계산한다. 자동 그라인더의 경우 분쇄시간을 초 단위로 설정해 분쇄 시 발생할 수 있는 편차를 최대한으로 줄인다.

4. 가루 날림과 뭉침 현상이 적어야 한다

원두는 분쇄도가 가늘수록 잘 뭉친다. 특히 자동 그라인더는 수동 그라인더와 달리 분쇄원두가 도저를 거치지 않고 바로 포터필터에 담기기 때문에 원두가 뭉쳐 있을 확률이 더 높다. 이러한 현상을 최소화하기 위해 각 제조사들은 다양한 방법을 고안하기 시작했는데, 그중 하나가 분쇄원두가 나오는 부분인 토출부에 도저 스크린(플래퍼라고도 한다)이라는 부속을 장착하는 것이었다. 그러나 도저 스크린에 문제가 생기면 도징양의 편차와 퍼짐 현상이 오히려 더 심해질 수도 있다.

위의 조건들을 다 갖춘 그라인더는 결정적으로 가격부담이 크다는 단점이 있다. 하지만 비싸다고 다 좋은 것은 아니기 때문에 자신이 속한 매장과 사용하는 원두의 특성에 맞게 합리적으로 결정하는 것이 바람직하다. 다른 사람의 말만 듣고 선택하기보다는 판매처를 방문하여 제품을 직접 테스트해보고 구매할 것을 권장한다.

▲ 도저 스크린

바리스타를 위한

커피머신 첫걸음

김종오 지음

발행 ㅣ 1판 1쇄 2016년 10월 24일
1판 7쇄 2023년 4월 12일

펴낸이 ㅣ 홍성대
책임편집 ㅣ 정성희
편집 ㅣ 이여진
사진 ㅣ 김대현, 월간Coffee, 김종오
디자인 ㅣ 나래(GRAEY)

펴낸곳 ㅣ 아이비라인
출판등록 ㅣ 2001년 12월 27일 제311-2003-00049호

주소 ㅣ (04321)서울시 용산구 한강대로 295 남영빌딩 5층 506호
전화 ㅣ (02)388-5061 팩스 ㅣ (02)388-9880
홈페이지 ㅣ www.the-cup.co.kr

ISBN 978-89-94361-30-5 13590

이 도서의 국립중앙도서관 출판예정도서목록(CIP)은 서지정보유통지원시스템 홈페이지(http://seoji.nl.go.kr)와
국가자료공동목록시스템(http://www.nl.go.kr/kolisnet)에서 이용하실 수 있습니다.(CIP제어번호: CIP2016023900)